全尾砂絮凝行为
及其优化应用研究

阮竹恩　著

北　京
冶　金　工　业　出　版　社
2022

内 容 提 要

本书以全尾砂絮凝行为作为核心研究内容，分析了流场剪切作用等多因素对絮凝行为的影响，构建了全尾砂絮凝行为的动力学模型，模拟研究了深锥浓密机给料井内全尾砂絮凝行为，并对给料井内絮凝参数进行了优化研究。

本书可供充填采矿相关科研人员、设计人员以及工程技术人员阅读，也可供大专院校采矿专业的师生参考。

图书在版编目（CIP）数据

全尾砂絮凝行为及其优化应用研究/阮竹恩著 . —北京：冶金工业出版社，2022.4

ISBN 978-7-5024-9106-2

Ⅰ.①全… Ⅱ.①阮… Ⅲ.①全尾砂—絮凝—研究 Ⅳ.①TD853.34

中国版本图书馆 CIP 数据核字（2022）第 049978 号

全尾砂絮凝行为及其优化应用研究

出版发行	冶金工业出版社		**电 话**	（010）64027926
地 址	北京市东城区嵩祝院北巷 39 号		**邮 编**	100009
网 址	www.mip1953.com		**电子信箱**	service@ mip1953.com

责任编辑 高 娜 **美术编辑** 燕展疆 **版式设计** 郑小利
责任校对 郑 娟 **责任印制** 李玉山
北京虎彩文化传播有限公司印刷
2022 年 4 月第 1 版，2022 年 4 月第 1 次印刷
710mm×1000mm 1/16；10.25 印张；199 千字；154 页
定价 60.00 元

投稿电话 （010）64027932 **投稿信箱** tougao@cnmip.com.cn
营销中心电话 （010）64044283
冶金工业出版社天猫旗舰店 yjgycbs.tmall.com
（本书如有印装质量问题，本社营销中心负责退换）

前　　言

　　全尾砂膏体充填技术具有安全、环保、经济、高效的显著优势，已经成为建设绿色矿山的有效途径，是金属矿绿色开采的重要发展方向。其中，全尾砂的高效深度浓密是全尾砂膏体充填技术的关键。目前，深锥浓密技术因其经济性和高效率成为了常见的尾砂高效深度浓密的技术之一，应用深锥浓密机可以获得高浓度的底流料浆与澄清的溢流水，对于尾矿绿色处置具有重要意义。

　　絮团是全尾砂在深锥浓密机内存在的主要形式，全尾砂在深锥浓密机给料井内快速形成絮团是实现全尾砂料浆深度浓密的前提，因此，全尾砂絮凝行为的研究是深入研究全尾砂深锥浓密的基础。目前，人们对絮团的沉降与剪切脱水或压密脱水进行了深入研究，即聚焦于絮团的破坏排水过程，但是对于给料井内絮团的形成与生长过程还缺乏全面深入的认识。高分子作用下的全尾砂絮凝属于架桥絮凝，目前对于高分子絮凝剂在尾砂颗粒表面的吸附机理研究已经很成熟，但是对于剪切诱导作用下表面吸附有絮凝剂分子的尾砂颗粒之间的碰撞频率与碰撞效率以及架桥后断裂的频率研究相对较少。给料井是深锥浓密机的核心，全尾砂絮凝主要发生在给料井内，目前基于流场特性（停留时间、"短路"现象）分析对给料井进行了较为全面的研究与设计，但是缺乏对给料井出口圆周上全尾砂料浆的固体体积分数分布的均匀度的量化评价，同时直接以絮凝效果为指标的给料井优化研究还相对较少。

因此，作者基于在全尾砂絮凝方面的相关研究成果，撰写了本书。全书共7章，包括绪论、全尾砂絮凝行为的影响因素分析、全尾砂絮凝行为的动力学模型构建、深锥浓密机给料井内全尾砂絮凝行为模拟、基于全尾砂絮凝行为的给料井工艺参数优化、工程应用、结语等。

本书主要面向相关科研人员、设计人员以及工程技术人员，旨在促进全尾砂絮凝理论的发展与全尾砂絮凝技术与装备的研发，从而加速基于深锥浓密的全尾砂膏体充填技术发展。同时，本书也可供大专院校采矿专业的师生参考。

本书内容涉及的研究得到了国家自然科学基金项目（52130404）、"十三五"国家重点研发计划项目（2017YFC0602903）、中国博士后科学基金资助项目（2021M690011）、广东省基础与应用基础研究基金项目（2021A1515110161）、北京科技大学顺德研究生院博士后科研经费（2021BH011）等的资助。本书是在北京科技大学吴爱祥教授、尹升华教授、李翠平教授以及康塞普西翁大学 Raimund Bürger 教授和 Fernando Betancourt 教授的指导下完成的，在此，向各位教授表示最衷心的感谢并致以最崇高的敬意。本书参考或引用了国内外相关单位与专家学者的研究成果，这里无法一一署名，在此一并表示衷心的感谢。

因作者水平所限，书中不足之处，敬请同行专家和广大读者批评指正。

作　者

2021 年 9 月于北京

目　　录

1 绪 论

1.1 引 言

金属矿业的快速发展是国家工业化与经济快速发展的重要支撑，但同时也带来了严重的安全与环境问题，即地下采空区的巨大安全隐患与地表尾矿库的安全环境问题。尾矿作为工业废物的第一排放大户，占一般工业固体废弃物的1/3左右[1]。目前，尾矿主要以低浓度尾砂料浆的形式排放在尾矿库进行处置，据不完全统计，截至2017年底，我国尾砂累积堆存量约为195亿吨、尾矿库8385座，仍然是我国金属矿山的重大危险源与污染源[2]。同时，根据国务院安委会办公室于2016年下发的《金属非金属地下矿山采空区事故隐患治理工作方案》，据初步统计，截至2015年底，全国金属非金属地下矿山共有采空区12.8亿立方米，采空区是诱发透水、坍塌等重特大事故的重要因素，往往造成大量的人员伤亡和财产损失。

膏体充填技术是实现地下金属矿绿色开采的关键技术之一。随着金属矿开采技术的不断发展，膏体充填技术因其安全、环保、经济、高效的优势已在全世界范围内被广泛应用于尾矿库与采空区的协同治理，实现了"一废治两害"，即将全尾砂料浆这一废弃物深度脱水制备成不泌水、牙膏状的料浆充填至井下采空区，既消除了地表尾矿库的安全环境问题，也治理了地下的采空区危害[3]。为此，膏体充填技术代表着矿山充填技术的发展，被誉为21世纪绿色开采新技术[4]。

全尾砂的高效深度浓密是膏体充填技术的关键，但随着经济发展对矿产品的不断需求和选矿技术的不断进步，尾砂越来越细甚至达到了超细的级别，导致其沉降困难，浓度难以提高，严重限制了膏体充填技术的发展。目前，深锥浓密技术因其经济性和高效率成为了常见的尾砂高效深度浓密的技术之一，全尾砂料浆在深锥浓密机内的脱水浓密过程中，全尾砂在流场剪切作用下首先与高分子絮凝剂混合、絮凝形成絮团，然后在自身重力、絮凝剂的化学力、耙架的机械剪切力以及泥层压力等多力的耦合作用下，絮团不断生长、沉降甚至被压缩与剪切破坏，实现全尾砂与水的分离，从而提高全尾砂料浆的浓度。但是在实际生产运行中，因超细颗粒的絮凝效果较差导致深锥浓密机上部的"跑混"现象严重，如

图 1-1 所示。深锥浓密机的"跑混"现象说明全尾砂絮凝沉降效果不好，既影响溢流水的循环利用，也导致全尾砂处置不彻底。因此，全尾砂絮凝行为的研究是深入研究全尾砂深锥浓密的基础。

图 1-1 深锥浓密机上部溢流"跑混"现象

给料井是深锥浓密机的核心[5]。全尾砂料浆和高分子絮凝剂在给料井内不断混合、吸附、絮凝，最终形成较大的絮团进入深锥浓密机沉降区域，但是在实际生产中全尾砂絮团从给料井出口进入深锥浓密机沉降区域时容易出现分布物料不均（布料不均）的现象，如图 1-2 所示。布料不均，导致全尾砂絮团不能充分利用深锥浓密机内可用的沉降区域，出现泥层高度不均，进而可能会因为泥层高度测不准而导致压耙现象。因此，如何保证获得的絮团尺寸足够大且能较为均匀地从给料井进入沉降区域是保证絮团沉降效果的关键，有必要对给料井内的全尾砂絮凝行为进行研究并对工艺参数进行优化。

图 1-2 给料井出口布料不均

为此，针对深锥浓密机溢流"跑混"和给料井出口布料不均的问题，本书以全尾砂的絮凝行为作为研究核心，首先基于剪切诱导架桥絮凝过程中全尾砂絮团尺寸演化规律建立全尾砂絮凝动力学模型，实现全尾砂絮凝过程的定量描述；

然后采用计算流体动力学（computational fluid dynamics，CFD）数值模拟技术，耦合全尾砂絮凝动力学模型，对给料井内的全尾砂絮凝行为进行数值模拟研究并对工艺参数进行多参数多目标优化。以期进一步发展与完善全尾砂的絮凝浓密理论，推动深锥浓密技术的发展，从而解决膏体充填技术的瓶颈问题。

1.2　膏体充填技术应用现状

自 1978 年开始，德国 Preussage 公司率先在 Bad Grund 铅锌矿建成膏体充填系统，其后加拿大的 Creighton 矿、澳大利亚的 Cannington 矿和 Mount Isa 矿均先后采用膏体充填技术。目前，膏体充填技术已有 40 余年的发展历史，在全世界范围内已经逐渐成为深井矿山最主要的支护方法[3]。

自 20 世纪 90 年代开始，我国也逐渐开始应用膏体充填技术。金川公司二矿区于 1987 年开始膏体充填实验研究，并于 1996 年建成了我国第一个膏体充填系统，拉开了我国膏体充填技术的序幕[6]。其后，冬瓜山铜矿、铜录山铜矿、张马屯铁矿、武山铜矿等也相继研究并应用了膏体充填技术。2006 年，云南驰宏会泽铅锌矿建成我国第一套以深锥浓密机为核心的膏体充填系统，膏体浓度达到78%，尾砂零排放，并首次将水淬渣用于井下充填，既提高了充填体强度又减少了冶炼固体废弃物的排放[7]。国家"十二五"期间，新疆伽师铜矿建成膏体充填系统，解决了矿区地表出现塌陷、井下出现大量涌水、巷道变形严重等安全问题，并根据生产过程中采场中不同充填位置对充填料要求不同而进行充填料膏体浓度、灰砂比、泵送剂添加量的相关调整，实现了安全、高效、绿色采矿[3]。

膏体充填采矿技术发展至今，其应用已经相对较为成熟，膏体充填技术在全世界得到了广泛的应用，国内外典型金属矿山膏体充填工程关键参数如表 1-1 所示[8]。目前，膏体技术已成为中国矿山应用与研究的热点，在黑色、有色、黄金、煤炭等系统发展迅速。据不完全统计，1996~2017 年间，国内采用膏体技术的矿山共 244 座，其中采用膏体充填技术金属矿山有 165 座[4]。目前，国内外关于膏体充填的研究主要涉及尾砂脱水、膏体搅拌、膏体输送、井下采场膏体性能以及充填材料等方面。

表 1-1　国内外膏体充填采矿法应用矿山实例

国家	矿山	充填材料	灰砂比或水泥耗量	输送方式	充填浓度/%	充填能力
加拿大	Williams 金矿	脱泥尾砂、粉煤灰	2%~3%	自流	73	110m³/h
智利	El Toqui 矿	尾砂膏体	1%~7%	泵送	72	80t/h
德国	Bad Grund 铅锌矿	尾砂、重介质分级尾砂	6%	泵送	75~88	30m³/h

国家	矿山	充填材料	灰砂比或 水泥耗量	输送 方式	充填浓度 /%	充填能力
坦桑尼亚	Bulyanhulu 金矿	尾砂、废石	—	自流	74	—
瑞典	Garpenberg 矿	尾砂	5%~10%	自流	76~80	90~140t/h
澳大利亚	Mount Isa 矿	块石胶结	1%	皮带	—	—
	Cannington 矿	尾砂	2%~4%	自流	79	158t/h
赞比亚	谦比希铜矿	尾砂	1:16	泵送	71	60m³/h
中国	甘肃某镍矿	棒磨砂、尾砂	1:8	泵送	77~79	70~80m³/h
	云南某铅锌矿	水淬渣、尾砂	1:8	泵送	78~81	60m³/h
	新疆某铜矿	戈壁砂、尾砂	1:6~1:16	泵送	75~78	90m³/h
	云南某铜矿	尾砂	1:8~1:4	泵送	70~73	110m³/h

1.3 全尾砂深锥浓密技术应用研究现状

目前，尾砂脱水浓缩工艺主要有两种，即以过滤/压滤设备为核心的脱水工艺和以浓密机为核心的脱水工艺。

以过滤/压滤设备为核心的脱水工艺滤饼浓度可达到 80% 以上，过滤设备脱水彻底，产品质量稳定，但是存在能力较低、成本较高等问题。以浓密机为核心的脱水工艺，辅之以水力旋流器或将多台浓密机串联进行尾砂脱水，这种方式具有工艺简单、效果好、能耗低的优点。浓密机主要分为普通浓密机、高效浓密机和深锥浓密机（膏体浓密机）。深锥浓密是在高效浓密的基础上，引入高压力（大高径比）、高强度排水（搅拌导水）等理念之后，产生的一种重力脱水技术。该技术具有底流浓度高、处理能力大、回水浊度低等一系列优势[9]，已经在尾砂膏体充填和堆存中得到广泛应用。

深锥浓密机工作原理如图 1-3 所示。在浓密机上部，低浓度全尾砂料浆泵入中心给料井中，与高分子絮凝剂混合后，尾砂颗粒絮凝成为尺寸较大的絮团然后快速向浓密机下部沉降，并通过自由沉降、干涉沉降、压缩沉降过程最终到达浓密机的底部。自由沉降区内颗粒进行自由沉降，且间距较大；在干涉沉降区，颗粒间距减小，沉降方式变为群体沉降，其沉降速度是固体浓度、絮凝效果、颗粒密度等因素的函数；在压缩沉降区，颗粒沉降速度既受下部颗粒支撑性能的影响，又受上部固液压力水头的影响。

国际上深锥浓密机最早成功应用在氧化铝行业，加拿大铝业和 FLSmidth（Dorr-Oliver EIMCO）公司是这个领域的先驱。同时，Outotec 公司和 WesTech 公司的膏体浓密机也取得了很好的应用效果。

图 1-3   深锥浓密机工作原理示意图

　　国内目前的深锥浓密机主要以飞翼等厂家生产的为主。几个著名设备厂家生产的深锥浓密机如图 1-4 所示。目前，深锥浓密机在国内外已经广泛应用，其中，国内最早应用深锥浓密机的是会泽铅锌矿、应用的深锥浓密机直径最大的是内蒙古乌山铜钼矿[10]。

　　对于全尾砂深锥浓密理论的研究，主要聚焦于全尾砂的沉降模型，包括静态沉降和动态沉降。其中，静态沉降理论建立在静态间歇沉降实验的基础上，是基于对静态沉降过程中沉降速度、浆体浓度变化规律进行分析，继而计算沉降固体通量的方法。动态沉降理论是对连续动态浓密实验过程进行分析建模，并计算固体通量的方法。与静态间歇沉降实验相比，连续动态浓密实验增加了连续给料、连续排料的情况，更加符合浓密机实际运行的情况，两者的共同点是通过固体沉降速度推导固体通量，从而计算浓密机沉降面积。静态沉降法发展较早，在设计过程中应用较为广泛；动态浓密理论也在逐渐发展，在实践过程中需要不断完善[3]。

　　静态沉降研究较早，Coe-Clevenger[11] 模型和 Kynch 模型[12]于 20 世纪初就已经提出，并且由 Shannon、Tory 等人推广[13,14]，至今在浓密机设计中还发挥着巨大的作用。其后，智利的 Fernando Concha[15] 和 Raimund Bürger[16]对这两个模型进行了改进，分别从间歇沉降、连续沉降、絮凝沉降、动态浓密角度建立了尾砂浓密底流浓度控制模型，并以此为基础开发了动态浓密模拟分析软件。

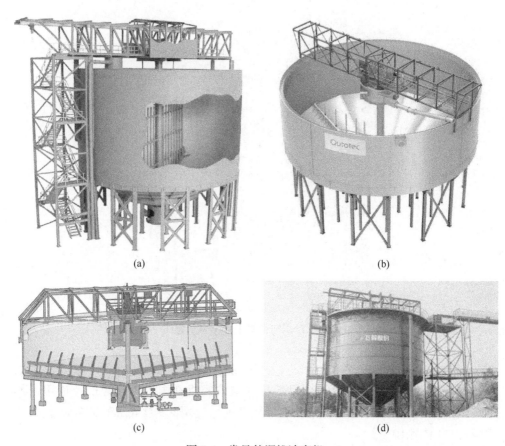

(a)　　　　　　　　　　　　　　　(b)

(c)　　　　　　　　　　　　　　　(d)

图 1-4 常见的深锥浓密机

（a）FLSmidth 深锥浓密机；（b）Outotec 膏体浓密机；（c）WesTech 膏体浓密机；（d）飞翼深锥浓密机

Landman[17]建立了连续式重力浓缩模型，由压缩屈服应力、干涉沉降函数与凝胶浓度三参数组成，并由 Fawell[18]、Usher[19]在多种矿物的尾砂上验证，并进一步形成了固液分离理论。焦华喆等将浓密机理的研究划分为干涉沉降和床层压缩两个研究方向，利用两个关键参数（压缩屈服应力、干涉沉降性能）表征全尾砂料浆的脱水浓度和脱水速度，实现了沉降和压缩过程的统一表征，研究了絮团结构、导水通道的细观分形特征，建立了絮团网状结构抗压和抗拉强度参数关系，从细观层面力学的角度揭示了剪切脱水机理[20]。

对于全尾砂絮凝沉降过程中的影响因素研究，国内外诸多研究发现全尾砂固体质量分数、粒级组成、尾砂颗粒表面电性、沉降环境 pH 与黏度、絮凝剂类型及性能、混合剪切速率大小等因素均会对沉降效果产生较大影响。张钦礼等[21]利用 BP 神经网络手段，以沉降速度为综合评价输出因子，对絮凝因素进行了优化。焦华喆等[22]对全尾静态沉降规律和机理进行研究，研究了给料浓度和絮凝剂单耗对全尾砂最大沉降速度和静止沉降极限浓度的影响，由实验结果得出简易沉降速度模型。吴爱祥等[23]利用均匀设计法对静态沉降规律开展了研究，分析了各因素对沉降速度的影响权重，结果表明，沉降速度各因素的关系为：与絮凝剂单耗的三次方正相关，与溶液浓度的余弦呈负相关，与给料浓度成反比；各因素影响权重从大到小依次为：给料浓度>絮凝剂单耗>絮凝剂溶液浓度。郭亚兵[24]建立了尾砂浓密过程中固体通量密度函数及有效固应力函数，初步探明了尾砂的沉降特性和压缩特性。

1.4 全尾砂絮凝的研究现状

1.4.1 给料井内全尾砂絮凝行为的研究现状

给料井的功能是降低给料速度使得给料的动能充分耗散，使高分子絮凝剂分子与固体颗粒充分混合絮凝，加速固体颗粒的沉降。目前，较为先进的给料井有 FLSmidth 的 Evolute™ 给料井、Outotec 的 Vane Feedwell™ 给料井和 WesTech 的 EvenFlo™ 给料井，如图 1-5 所示。

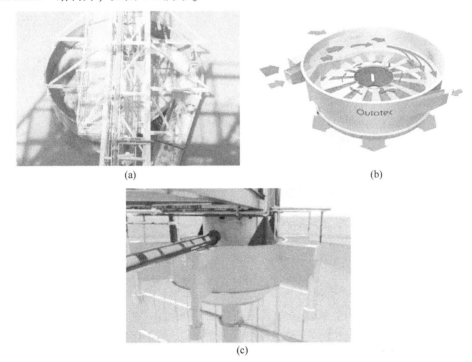

(a)   (b)

(c)

图 1-5 常见的深锥浓密机给料井结构

（a）FLSmidth-Evolute™ feedwell；（b）Outotec-Vane Feedwell™；

（c）WesTech-EvenFlo™

Evolute™给料井的导流板采用渐开线设计，延长了全尾砂料浆在给料井内的停留时间，减少了给料井内的流体"短路"现象，通过控制流场速度来控制稀释。Vane Feedwell™给料井最大的特点是设计有相互连接的上部和下部，中间设叶片。在上部区域，加入尾砂料浆、稀释水和絮凝剂，提供了较强的混合和能量耗散，最大限度地提高了絮凝剂的吸附能力，消除了粗/细颗粒分离的可能性，并确保所有颗粒都被絮凝剂絮凝在一起。在不同的给料速率下，上部区域保持高效运行；下部区域剪切作用较小，促进温和混合，以持续促进絮凝作用，并可选择二次絮凝剂投加，同时该区域设置有锥形挡板可使得絮团在低剪切条件下均匀排放。EvenFlo™给料井不使用环形挡板、叶片或导流板，就能有效地解决给料井问题，采用两级设计，首先使用内部副给料井将切向给料能量转换为同心径向流，然后流入主给料井；在主给料井中，将流体径向向外引导至给料井，以实现絮凝剂和固体的最佳混合与絮凝，独特地利用给料井容积的所有区域，使尾砂料浆在给料井内均匀分布。

大量研究发现给料浓度对于固体通量有显著的影响，为了获取最优的固体通量，多数情况下给料浓度都高于最优浓度，为此研究人员开发出了不同的给料稀释系统对给料进行稀释，主要包括自动稀释和强制稀释系统。目前两种最广泛使用的自动稀释系统是FLSmidth公司的E-DUC稀释系统和Outotec公司的Autodil™稀释系统，如图1-6所示。

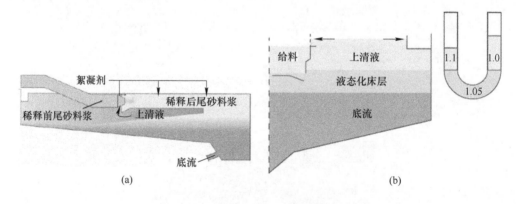

图1-6　常见的给料自动稀释系统

(a) FLSmidth-E-DUC ® Feedwell Dilution；(b) Outotec- Directional Autodil™

E-DUC稀释系统为外部稀释方式，在料浆进入给料井之前，通过虹吸方式，将深锥浓密机上部的上清液吸入实现料浆的自动稀释，可根据给料流量自动调节，同时保证在絮凝前获得足够的稀释效果。Autodil™稀释系统同样是利用深锥浓密机上部的上清液稀释给料浓度以提高絮凝效果的自动化系统。Autodil™利用给料井壁内外的水头差，即利用给料井外溢流液（通常密度等于或接近$1g/cm^3$）

与给料井内料浆（由于料浆中存在固体而具有更高密度）之间存在压头差的原理。因此，在 Autodil™ 稀释系统中，重力驱动稀释流进入给料井，而给料井内的料浆液位低于给料井外的液体。通常通过在给料井壁的适当高度安装定向稀释窗，允许上清液以与给料相同的方向流入给料井，从而促进给料井内更有效的混合。与其他固定几何形状的给料稀释系统相比，Autodil™ 的另一个优点是，通过利用液压压头差，稀释度可根据给料密度的波动而自然变化。因此，该系统能够缓冲给料密度的变化，在一系列给料条件下产生最佳絮凝条件。

国外对给料井的研究，除了上述 FLSmidth、Outotec 和 WesTech 等知名设备厂商外，主要以澳大利亚 CSIRO 与 AMIRA 合作的 P266 浓密机给料井研究计划项目为主。该项目从 1988 年开始，进行了数十年的研究，通过将絮凝的基础研究、数学与计算建模以及中试测量相结合，极大地提高了对浓密机的认识[25]。对于絮凝方面，应用管道絮凝与聚焦光束反射测量技术（focused beam reflectance measurement，FBRM）进行物理模拟分析了给料井内的全尾砂絮凝行为[26~28]，并建立了用以描述管道絮凝的群体平衡模型（population balance model，PBM）[29]。对于给料井内絮凝行为，重要结论主要有以下三个方面[30]：（1）分析了给料速度对絮凝行为的影响，发现对于特定尺寸的给料井在较低速度时（小于 1m/s），料浆在给料井内容易形成短路，死区较大而导致混合絮凝效果差；（2）速度在 1.5~2m/s 时，短路现象明显改善，絮凝效果明显增加；（3）而较高速度时（大于 2.5m/s），虽然短路现象没有了，但是过高的剪切速率会破坏絮团。为了平衡给料速度对短路现象与絮凝效果的影响，通过在给料井内部设计环形挡板以增加料浆的停留时间，从而在相对较低速度时实现短路现象明显减小与絮凝效果的改善。分析发现，对于直径高达 6m 以上的给料井，给料管的高度约在给料井的中部，环形挡板宽度约为给料井直径的 10%，环形挡板的位置约在给料管下方 0.1m 处。同时，将 CFD 与 PBM 进行耦合，分析了不同给料浓度条件下给料井内絮团尺寸的分布规律，发现当给料浓度小于 2w/v% 时，环形挡板上部几乎没有絮凝，絮凝作用主要发生在环形挡板下部然后很快进入从给料井出口流出；当给料浓度为 5w/v% 左右时，较高的碰撞频率有助于吸附与架桥；当给料浓度大于 10w/v% 时，发现絮团破碎的不可逆现象非常明显；而当给料浓度大于 20w/v% 时，料浆的黏度严重限制了絮团尺寸，此时尾砂颗粒和絮凝剂很难分散混合，且停留时间更短。

因此，P266 项目初步探明了给料井内的流场特性与絮凝机理，开展了大量的给料井设计研究，模拟结果表明了在给料井系统内部流动的复杂性，对于帮助理解给料井内部物料作用方式有着重要的作用。这些 CFD 模拟研究不一定产生完美的给料进井，但在内部流动和复杂性方面有很大的启示[31]。

国内中南大学李茂教授团队，针对赤泥沉降槽的中心筒（给料井）开展了实验与数值模拟研究。以停留时间分布为评价指标，对给料井内的料浆流动进行实验与 CFD 数值模拟研究，发现给料井内料浆呈旋转混合流动，且减小径高比，死区体积分数可减少 15.9%，有助于提升给料井内物料混合的均匀性[32,33]。采用 CFD 对带有自动稀释给料结构的浓密机内的流场进行了模拟分析[34]，分析了不同给料方式下沉降槽的固液分离和赤泥沉降的流动规律[35]，并采用正交实验方法对给料井直径、给料井高度、射流管直径（混合管直径、给料管直径和喉管直径）、环形挡流板离给料管下沿高度和喉嘴距（给料管收缩末端距混合管的距离）这个五个因素进行了模拟优化[36]。同时，太原科技大学宋战胜和郭亚兵等介绍了一种浓缩机的新型给料井结构，并应用 CFD 分析了给料井内的流经该给料井及流入浓缩池的料浆的流场，分析表明该给料井的结构可降低料浆流速，实现料浆在浓缩机中均匀稳定布料[37]。天津大学的谭慰、陈晓楠对 4 种不同结构的给料井中的流场进行了数值模拟，发现单口切向给料井有折流板时物料分布的均匀性和对称性效果要优于双口切向给料井，并设计了一种结构简单、便于改造的新型浓密机给料井结构[38,39]。北京矿冶研究总院李世凯通过模拟分析发现螺旋隔板形式的给料井结构能够更好地降低矿浆的周向速度，更好地分散矿物颗粒，实现矿物颗粒均匀稳定分散的效果[40]。

1.4.2 全尾砂絮凝机理研究现状

絮凝沉降技术是向分散的悬浮料浆中加入絮凝剂，通过电荷中和、吸附、架桥和交联等作用，促使水中胶体微粒聚集。在这一过程中既有物理化学作用，也有胶体颗粒和悬浮物表面的电荷中和作用，形成絮状的凝聚物而迅速沉降。高分子絮凝剂具有显著的絮凝作用，絮团生成快、尺寸大、沉降速度快[15]。现在，絮凝沉降技术已广泛应用于各类矿山的尾砂浓密沉降生产中。

一般情况下，絮凝的机理根据两个颗粒碰撞方式的不同分为异向絮凝、同向絮凝和差速沉降絮凝。异向絮凝是指颗粒由于布朗运动而碰撞在一起，同向絮凝是指颗粒在流体的剪切作用（外力作用）下运动而碰撞在一起，差速沉降是指不同大小的颗粒因沉降速度不同而碰撞在一起。颗粒尺寸不同，其主要絮凝机理不同。对于直径小于 $1\mu m$ 的颗粒，异向絮凝占据主导作用；对于直径在 $1 \sim 40\mu m$ 的颗粒，同向絮凝占据主导作用；而对于直径大于 $40\ \mu m$ 的颗粒，差速沉降絮凝占据主导作用[41]。

在尾砂处理中广泛使用的絮凝剂为阴离子型聚丙烯酰胺，其作用机理一般认为是架桥机理。首先，絮凝剂分子与全尾砂颗粒充分混合，絮凝剂分子吸附在全尾砂颗粒表面，根据 Alagha 等人的研究，可能的吸附形式如图 1-7 所示[42]。同时，吸附在颗粒表面上的高分子长链可能同时吸附在另一个颗粒的表面上，通过"架桥"方式将微粒联在一起，从而导致絮凝。架桥的必要条件是颗粒上存在空白表面，如果溶液中的高分子浓度很大，颗粒表面已完全被絮凝剂基团覆盖，则颗粒不再架桥。所以，絮凝剂单耗存在最佳值，超过此值时，絮凝效果反而下降[43]。

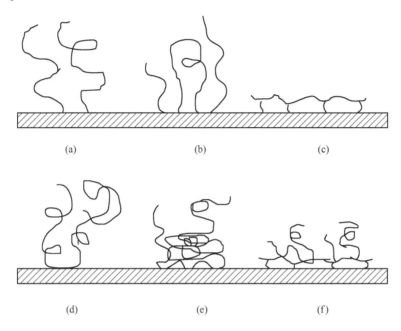

图 1-7　絮凝剂分子在颗粒表面的吸附形式
（a）单点吸附；（b）环形吸附；（c）扁平多点吸附；
（d）柔性盘绕吸附；（e）不均匀成段吸附；（f）多层吸附

目前，对高分子絮凝剂作用下的絮凝机理研究，主要聚焦于絮凝剂吸附和吸附有絮凝剂分子的全尾砂颗粒的架桥两方面。

1.4.2.1　絮凝剂吸附研究现状

对于絮凝剂吸附，因为通常在尾砂絮凝里用的都是阴离子絮凝剂，而尾砂颗粒表面电荷为负，因此，静电作用和电荷中和作用不能导致聚集和絮团的形成，通过尾砂颗粒表面和聚合物分子之间的氢键架桥是成为主要的絮凝机理。架桥形成的絮团比电荷中和或静电贴片机制形成的絮团尺寸更大、强度更高[44]。

絮凝剂吸附取决于絮凝剂和尾砂颗粒表面的性质，因此，某种絮凝剂可能对某种尾砂有较强的亲和力或吸附力，但是对另外一种尾砂却几乎没有吸附。阴离子聚丙烯酰胺的电荷密度对于架桥絮凝很重要，而阴离子电荷密度主要取决于聚丙烯酰胺的水解程度，但是并非电荷密度越高越好，因为电荷密度越高可能会导致絮凝剂分子与颗粒之间的排斥增强，但同时却也会使得絮凝剂分子之间更加伸张开来便于吸附，因此综合考虑两者一般会有一个最佳的水解度约为 30%[45]。

同时发现，对于阴离子聚电解质和负表面，在某些情况下，电排斥可能会阻止吸附，通过增加 Ca^{2+}、Mg^{2+} 等阳离子，可以促进絮凝剂分子在颗粒表面的吸附[46]。较高的离子强度将增加阴离子聚电解质在负表面上的吸附，并减小颗粒之间的电排斥范围，这两者都将增强絮凝作用。然而，增加离子强度会导致聚电解质链更紧密，作为桥连絮凝剂可能不太有效。因此，在某些情况下，架桥絮凝可能有一个最佳的离子强度。Taylor 等人发现阴离子型絮凝剂在较高 pH 值下的更高活性可能与羧酸基团的电离和聚合物链的解卷或延伸有关（由于聚合物链上带电基团之间的静电斥力），随着 pH 值的降低，阴离子聚合物开始卷曲，其活性降低[47]。Dash 等人研究了絮凝剂在铁矿尾砂脱水过程中的吸附特性，发现其吸附规律符合 Freundlich 模型，沉降速率随料浆 pH 值的增大而减小，但却随絮凝剂用量的增加而增大[48]。大量实验研究表明，线性链状高分子絮凝剂的架桥絮凝效果更好[49]。

　　需要指出的是，剪切速率（G）和剪切时间（t）是保证颗粒碰撞聚并的关键因素，水处理中应用 Gt 值即 G 与 t 的乘积来描述混凝，但是这并不适用于矿物絮凝，这主要是由于絮团破碎的不可逆性和吸附絮凝剂保持架桥活性的持续时间有限[30,50]。絮团破碎的不可逆性可能是由于在湍流条件下聚合物链的断裂或由于剪切作用吸附的聚合物的分离。

1.4.2.2　剪切诱导絮凝研究现状

　　目前，关于全尾砂絮凝的研究更多的是研究剪切作用下的同向絮凝。国内外很多学者对剪切作用对尾砂絮凝的影响进行了探索研究。

　　对于常见的量筒沉降实验研究中，虽然在向沉降柱内添加絮凝剂后，会用自制搅拌棒上下搅动[51]或上下颠倒晃动沉降柱[52]，以促进絮凝剂与尾砂颗粒充分混合，但是这种搅动或晃动无法有效计算相应的剪切速率并进行优选，且仍无法避免局部絮凝剂单耗过高的问题。因此，这类实验研究虽然考虑到剪切作用对絮凝的影响，但是并没有对剪切作用进行实质性的量化研究。

　　相比于量筒沉降实验，为了更加真实的模拟全尾砂料浆在深锥浓密机内的絮凝沉降过程，不少学者开始用小型浓密机模型或工业级深锥浓密机开展实验研究，但是这些研究更加注重于沉降过程以及沉降后的底流浓度，而对絮凝过程较少考虑，特别是对于絮凝过程的剪切作用研究较少[53~56]。

　　为克服这个缺陷，研究剪切作用对絮凝的影响，澳大利亚 CSIRO 的 Fawell 团队应用管道絮凝研究剪切作用对絮凝作用的影响[26~28]。通过设置不同的管道长度、管道内径和料浆流速，获得不同的剪切速率和剪切时间，并在管道出口处应用 FBRM 对絮团尺寸进行监测，发现流场剪切作用的增加导致了初始混合和聚集速率的增加，但最终由于絮团破碎的增加而导致最终絮团尺寸减小。但是，他们团队研究的更多的是以石英砂或高岭土为研究对象。

Rulyov 等[57,58]发明了一种超级絮凝测试仪重点分析在高速剪切作用下尾砂料浆的絮凝行为。尾砂料浆和絮凝剂溶液按照一定的流速进入絮凝反应器内,絮凝反应 6s 后排出,经过光电管测试其相对絮凝率。超级絮凝测试仪内的絮凝反应器类似于 Taylor-Couette 旋流式反应器[59],反应器内有直径为 28mm 的旋转柱,旋转柱与反应器壁的间隙为 1.5mm。光电管通过测试不同絮凝料浆通过时光束的强度经数据处理可计算出其相对絮凝率,其原理类似 Gregory 提出的絮凝监测方法[60]。该测试仪可以快速大范围($\gamma = 0 \sim 13000 \text{s}^{-1}$)调节剪切速率及 10 组不同的絮凝剂单耗,并能在极短时间内(5~6s)完成絮凝反应。通过超级絮凝测试仪发现尾砂在高速剪切作用下、在极短时间内实现很好的絮凝。同时,基于超级絮凝测试仪的原理,Fernando Betancourt 等[61]研制出了针对尾砂的超级絮凝反应器,取得了很好的絮凝效果,目标是应用于工业中尾砂的絮凝,但目前仍处于实验研究阶段。

1.4.3 絮团性质的研究现状

絮团是全尾砂颗粒在深锥浓密机内的主要存在形式,絮团性质,特别是絮团尺寸、结构、强度[62]对于全尾砂料浆的浓密脱水特别重要。国内外许多研究人员对絮团性质进行了较为全面深入的研究。

1.4.3.1 絮团尺寸研究

絮团的尺寸是表征絮凝效果最直观的参数,也是絮团最基本的性质,对于絮团尺寸的研究主要有实验与数值模拟,其中实验方法主要是通过不同的设备对絮团尺寸进行测量,而数值模拟主要是借助于 MATLAB、CFD 等软件对絮团的尺寸变化进行模拟。

Nasser 等[63]应用高速摄像机分析不同离子型絮凝剂和不同电荷量絮凝剂对絮团尺寸的影响,并从吸附和架桥两个方面进行了深入分析。澳大利亚 CSIRO 的 Fawell 团队应用 FBRM 研究了不同剪切速率、不同絮凝时间、不同絮凝剂种类与单耗等因素影响下絮团尺寸变化规律[26-28,64,65],FBRM 无需取样,并可以连续进行,可以研究絮凝过程中絮团粒度的实时变化。Ebubakova 等[66]研究了剪切速率和混合时间对絮团尺寸的影响,剪切速率越大,尺寸越小,同时,在一定的混合时间下絮团尺寸不断增加直至稳定。Droppo 等人[67]研究不同絮凝剂(絮凝机理)对絮凝的影响,聚丙烯酰胺(polyacrylamide,PAM)絮凝剂作用下絮团尺寸变化最快,尺寸最大。同时剪切作用下,PAM 絮凝作用产生的絮团最容易破坏,并且是剪切破坏而非侵蚀破坏,即使破坏后尺寸也大于其他絮凝剂产生的絮团。Gong 等[68]应用光散射颗粒分析仪(photometric dispersion analysis,PDA),向悬浮液中射入透射光,分析透射前光的强度变化来表征絮团粒度的变化情况。贺维鹏等[69]应用高速摄像机(charge coupled device,CCD)与 CFD 数值模拟,分析了絮凝反应器高径比以及剪切速率对絮团尺寸以及结构的影响。焦华喆应用扫描电子显微镜（scanning electron microscopy，SEM）技术对不同絮凝因素影响以及深锥浓密机内不同沉降区域的絮团尺寸进行了研究，发现絮团尺寸随着絮凝剂单耗的增加而先增大后减小，随着床层深度的增加而不断密实[20]。李公成深入研究了不同剪切环境下全尾砂絮团尺寸变化行为，以直径比例因子表征絮团剪切致密程度，以直径致密速率表征絮团剪切致密速度，在对全尾砂絮团沉降过程分析的基础上，建立了随时间变化的絮团致密方程，结合稳态条件下全尾砂絮团压缩性和渗透性参数，考察了全尾砂絮团尺寸变化对其压缩性和渗透性的影响，获得了考虑时效性的全尾砂絮团压缩性和渗透性演化方程[70]。

随着计算机技术的不断发展，近年来越来越多的研究人员将 CFD 与 PBM 耦合进行絮凝行为研究，分析不同因素影响下的絮团尺寸分布演化规律。Heath[71]等研究不同的絮凝剂在不同位置加入对中心筒内赤泥聚合尺寸的影响，以及沉降槽内不同尺寸颗粒所占的体积分数。Nguyen[72]等通过 Fortran 语言引入 PBM 模型和其他物理方程，研究不同给料流量对给料井内固体分布、剪切率、絮凝剂的吸附效率、颗粒聚合过程和流动特性的影响，通过模拟计算得出，在一定范围内，增大给料流量，能促进中心筒内的混合和提高中心筒内流体的稀释。另外，给料流量越大，给料筒内的剪切率也越大，给料筒内流体分布越均匀，聚合效率与絮团的最大尺寸也都随着流量增大而增大。

1.4.3.2 絮团结构研究

最常用的表征絮团结构的参数为分形维数（D_f），分形维数又可分为几何分形维数和质量分形维数等。对于几何分形维数，可通过图像分析的手段进行计算，如显微镜、颗粒录影显微镜技术（particle video microscope，PVM）等。几何分形维数可分为二维和三维，由于目前获取三维图像的技术还不完善，通常采用二维图像进行分析[73]。质量分形维数表征絮团的质量随距离其质心的半径的维数关系，不仅与絮团的形状分布有关，还与絮团的密度分布有关。对于结构越致密的絮团，D_f 越接近 3，对于越疏松的絮团，D_f 越接近 1。

Wang 等[74]应用实验（PIV/CCD）与数值模拟（CFD）的方法研究了剪切速率对于絮团尺寸以及分形维数的影响，发现即使絮团尺寸稳定后，分形维数仍然在减小，说明即使絮团不再生长，絮团仍在不断重构使得絮团不断变密。王国文[75]应用分形理论进行钛铁尾砂絮凝沉降实验研究，把难以用欧几里得几何表征的高浓度钛铁矿尾砂浆絮团模型基于分形理论来定量描述和分析，通过扫描电镜、光学显微镜、计算机处理等现代分析技术，测算了在无机和有机絮凝剂两大类絮凝剂作用于常见铁尾砂的分形维数。Du 等研究了耙动作用对絮团结构的影响[76]。通过低速的搅拌，耙子破坏了大且密的絮团之间的连接，剪切出了一条通道，同时在其后留下了一个低压力区，使得一部分内部水从封闭的蜂房网状结构中逃离出来。因此，床层浓度迅速提高[77]。Patience[78]和 Zbik 等[79]分别研究了温度和 pH 对絮团结构的影响。周旭从絮团结构出发，以 FBRM 和 PVM 实时在线原位监测技术为手段，研究了剪切环境下絮团密实化程度对全尾砂浓密脱水性能的影响，通过建立导水通道与超孔隙水压力的关联机制，分析了导水通道在泥层脱水过程的分布规律，研究了基于泥层渗透性和压缩性的全尾砂脱水性能[80]。

1.4.3.3 絮团强度研究

目前没有直接测量絮团强度的方法，仅能通过间接的方法定性地比较絮团的强度。

一种方法是通过搅拌前后的比较，采用强烈的搅拌使絮团破坏，测定破坏前后絮团或悬浮液絮团粒度、上清液浊度、沉淀层固体含量等性质的变化来表征絮团的强度[81,82]。同时也可以通过测定絮团在不同的平均速度梯度下的絮团粒度，建立絮团粒度与速度梯度的函数，从而得到絮团强度[62]。

另一种方法是通过测定剪切屈服应力来表征絮团的强度。通过直接测定絮团在剪切过程中抵抗永久形变的能力来表征絮团强度的方法[83]。通过黏度计测定使悬浮液的沉淀层转动的最小扭矩，结合叶轮的尺寸，可计算出剪切屈服应力。通过测定不同的沉淀层固体含量时的剪切屈服应力，绘制出剪切屈服应力与固体浓度的关系曲线，再通过比较不同曲线的斜率来比较絮团的强度，斜率越大则絮团强度越强。Zhou 等[84]发现絮团的压缩屈服应力与剪切屈服应力存在线性关系，所以用压缩屈服应力同样能够表征絮团强度。

Xiao 等人利用絮凝、剪切破碎和再絮凝的方法，在罐式试验装置上与 PIV 系统一起，对絮凝物的形成速率、絮团的强度、破碎絮团的回收率、絮团的形态和结构特征进行了表征[85]。Younker 等[86]研究吸附剂添加量与剪切速率对絮团尺寸与强度的影响。Rong[87]和 Dong 等[88]应用 SEM 研究了 pH 和剪切条件对絮团尺寸、强度的影响。

1.4.4 研究现状总结与存在问题

目前，国内外对深锥浓密机内的全尾砂絮凝沉降与浓密脱水进行了较为全面的研究，但是仍存在以下几个方面的问题有待进一步深入研究。

(1) 絮团是全尾砂在深锥浓密机内存在的主要形式，目前对絮团的沉降与剪切脱水或压密脱水进行了深入研究，即聚焦于絮团的破坏排水过程，但是对于给料井内絮团的形成与生长过程还缺乏全面深入的认识。

(2) 高分子作用下的全尾砂絮凝属于架桥絮凝，目前对于高分子絮凝剂在尾砂颗粒表面的吸附机理研究已经很成熟，但是对于剪切诱导作用下表面吸附有絮凝剂分子的尾砂颗粒之间的碰撞频率与碰撞效率以及架桥后断裂的频率研究相对较少，即对架桥效果缺乏定量描述。

（3）给料井是深锥浓密机的核心，全尾砂絮凝主要发生在给料井内。目前基于流场特性（停留时间、"短路"现象）分析对给料井进行了较为全面的研究与设计，但是缺乏对给料井出口圆周上全尾砂料浆的固体体积分数分布的均匀度的量化评价，同时缺少直接以絮凝效果为指标的给料井优化研究的公开报道。

1.5 本书主要内容

针对上述现有研究存在问题，本书以全尾砂絮凝行为作为核心研究内容，从流场剪切作用等多因素对絮凝行为的影响、絮凝行为的动力学模型构建、给料井内全尾砂絮凝行为模拟和给料井内絮凝参数优化等方面开展研究，具体研究内容如下：

（1）全尾砂絮凝行为影响因素分析。对全尾砂絮凝行为进行综合表征，研究不同絮凝因素影响下全尾砂絮凝行为，重点分析全尾砂絮团尺寸的演化规律，分析不同因素以及因素间的交互作用对絮凝行为的影响，并对全尾砂絮凝影响因素进行优选研究。同时，初步分析全尾砂絮凝沉降对浓缩全尾砂料浆屈服应力的影响。

（2）全尾砂絮凝动力学模型的构建。研究全尾砂在自身重力、絮凝剂化学力、流场剪切力耦合作用下颗粒碰撞效率、凝聚成絮团的聚合速率以及絮团的破碎频率与效率，建立全尾砂的聚合方程和絮团的破碎方程，以此为基础建立全尾砂絮凝动力学模型并求解。

（3）深锥浓密机给料井内全尾砂絮凝行为模拟研究。对给料井内全尾砂絮凝行为进行模拟，研究给料井内的全尾砂料浆的流场特性与絮凝行为，分析 E-DUC 稀释系统的稀释效果，分析给料井内的有效流动区域与给料井出口圆周上全尾砂料浆的固体体积分数分布的均匀度，揭示给料井内全尾砂絮团尺寸分布时空演化规律。

（4）基于全尾砂絮凝行为的给料井工艺参数优化研究。以絮凝效果与布料效果为目标，分析工艺参数对给料井出口全尾砂絮团尺寸、给料井出口圆周上全尾砂料浆的固体体积分数分布的均匀度以及给料井的有效流动率为评价指标，分析工艺参数对全尾砂絮凝行为的影响规律，并实现给料井的多参数多目标优化。

（5）工程应用。将全书的研究成果进行工程验证与应用，对工程中深锥浓密机给料井工艺参数提出优化建议。

2 全尾砂絮凝行为的影响因素分析

全尾砂进入深锥浓密机经过絮凝后，以絮团的形式存在。针对浓密过程中的絮凝沉降，国内外学者进行了大量的实验来研究沉降，分析了絮凝剂种类与单耗、全尾砂料浆中的固体质量分数、尾砂化学组成、料浆 pH 等因素对全尾砂料浆沉降速率的影响规律。但是，对于流场剪切速率这一因素的研究相对较少，同时对于全尾砂的絮凝本身或絮团的性质研究也比较薄弱。絮团的尺寸是絮团的最直观的性质，也是最重要的性质。近年来，聚焦光束反射测量技术（focused beam reflectance measurement，FBRM）因其可以实时原位测试絮团尺寸，不用取样破坏絮团结构，而越来越多的应用于化工与水处理领域絮团尺寸的测量。

为此，本章主要应用全尾砂絮团尺寸进行絮凝行为的细观表征，应用絮凝的全尾砂料浆的初始沉降速率（intial settling rate，ISR）与上清液浊度（turbidity，T）进行全尾砂絮凝的宏观表征。再引入剪切速率这一重要影响因素，应用响应面试验设计方法（response surface methodology，RSM），借助 FBRM 测量剪切速率等不同因素影响下的全尾砂絮团尺寸，并测试分析絮凝的全尾砂料浆的初始沉降速率与上清液浊度，分析絮凝剂种类、絮凝剂单耗（flocculant dosage，FD 或 f_d）、絮凝剂溶液浓度（flocculant concentration，FC）、尾砂料浆中固体质量分数（solid fraction，SF）、流场剪切速率（shear rate，G）对全尾砂絮凝行为的影响。同时，本章初步应用超级絮凝理论分析絮凝条件对絮凝行为的影响，并尝试研究絮凝沉降对浓缩全尾砂料浆屈服应力的影响。

2.1 全尾砂絮凝行为的表征

为了更加全面地表征全尾砂的絮凝行为，本书主要应用絮凝过程中的絮团尺寸、絮凝的全尾砂料浆的初始沉降速率以及上清液的浊度来综合表征全尾砂的絮凝行为。

絮团的尺寸是表征絮凝效果最直观的参数，也是絮团最基本的性质，为此本书重点分析全尾砂絮团尺寸，而忽略絮团的结构与强度。对于絮团尺寸的表征，本书采用 FBRM 测得的"弦长"（chord length，CL）进行表征。

FBRM 是一种基于弦长的测量技术，核心结构为探头，其内部结构和测试原理如图 2-1 所示。在 FBRM 探头内部有平行分布的激光源光纤和监测光纤，激光光束从探头尾部发射出来，经过高速旋转的棱镜聚焦于很小的一个点上，棱镜旋转速度为 2m/s。若探头所处环境中没有颗粒，监测光纤无任何反射信号；一旦有一个颗粒或絮团经过窗口表面，聚焦光束碰到颗粒后将会反射回来，此时监测光纤将会探测到增强光信号。颗粒持续反射激光源光束，直到到达颗粒的另一边。这段反射激光源光束的时间乘以扫描速度即得到了距离，称之为颗粒的"弦长"。

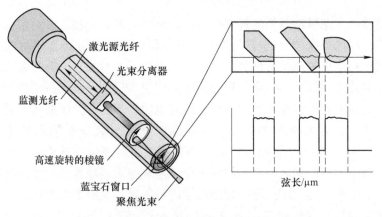

图 2-1   FBRM 探头结构示意和弦长测试原理

有研究表明，对于尺寸较大的絮团（大于 50μm），FBRM 所测得的絮团弦长经过平均加权处理后所得的絮团平均尺寸与采用常规方法测得的尺寸相当[64]，因此本书采用 FBRM 软件的 Marco 弦长和平方加权方法对测量数据进行处理，所得全尾砂絮团尺寸为絮团平均加权弦长（square-weighted mean chord length，SWMCL）。

同时，为了进一步表征全尾砂的絮凝行为，应用絮凝后的固液分离效果来进行宏观表征。在深锥浓密机内，全尾砂絮团的沉降分为自由沉降、干涉沉降和压缩沉降，为了更准确表征絮凝行为，本书采用自由沉降阶段固液分界面的沉降速率来表征。自由沉降阶段即为沉降曲线中初始线性沉降阶段，因此根据初始沉降阶段的沉降曲线计算其斜率，斜率绝对值即为固液分界面的初始沉降速率（ISR）。一般情况下，ISR 比根据整个沉降曲线计算的平均沉降速率更具有代表意义[89,90]。同时，絮凝沉降后上清液的浊度也可表征絮凝效果。

因此，本章采用絮团尺寸、初始沉降速率和浊度形成全尾砂絮凝行为宏细观协同表征体系。

2.2   基于相对絮凝率的全尾砂絮凝行为影响因素分析

通常情况下，认为絮凝像混凝一样，在高剪切条件下由于颗粒之间的相互作用较弱而导致形成的絮团容易被破坏，所以一般认为剪切速率不超过400s^{-1}[91]。但是事实上，由于絮凝剂高分子链的存在，高分子絮凝时颗粒之间的相互作用要比混凝时强得多。研究表明，在絮凝的初始阶段，使用很高的剪切速率（10^3 ~ 10^{4}s^{-1}）是可以实现絮凝的。基于这个发现以及同向絮凝理论里剪切速率越高其达到絮凝目标所需絮凝时间越短的理论，相关学者提出了超级絮凝理论，即在数秒钟的极短时间内施加超高的剪切速率，可实现超级絮凝。超级絮凝和普通絮凝的本质区别在于前者的剪切速率远高于后者，而所需时间远低于后者[91]。为此，本节基于超级絮凝理论，应用超级絮凝测试仪对相对尾砂絮凝率进行测试，分析全尾砂絮凝行为的影响因素[92]。

2.2.1 实验材料

为避免尾砂化学成分及其他可溶盐对絮凝的影响[93]，本节应用人造尾砂（石英砂）进行实验研究，经 X 射线衍射分析，其主要成分为 SiO$_2$，质量分数为99.87%（如图 2-2 所示）。人造尾砂密度为 2604.04kg/m^3。人造尾砂粒径非常细，中位粒径 d_{50} = 4.2μm，而−10μm 尾砂体积分数高达 70.62%，其具体粒度分布（particle size distribution，PSD）如图 2-3 所示。本节选用 Rheomax$^®$ DR 1050 作为研究用絮凝剂。

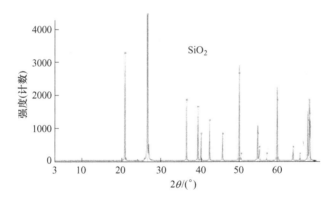

图 2-2 人造尾砂化学组成

2.2.2 实验方案

实验采用超级絮凝测试仪[57,58]进行不同条件下的相对絮凝率测试，超级絮凝测试仪如图 2-4 所示。人造尾砂料浆和絮凝剂溶液按照一定的流速进入絮凝反应器内，絮凝反应 6s 后从反应器内排出，经过光电管测试其相对絮凝率并在控制盘上显示出相对絮凝率。超级絮凝测试仪内的絮凝反应器类似于 Taylor-Couette

旋流式反应器[59]，反应器内有直径为 28mm 的旋转柱，旋转柱与反应器壁的间隙为 1.5mm。光电管通过测试不同絮凝料浆通过时光束的强度经数据处理可计算出其相对絮凝率，其原理类似 Gregory 提出的絮凝监测方法[60]。该测试仪可以快速大范围调节剪切速率（$\gamma = 0 \sim 13000s^{-1}$）及 10 组不同的絮凝剂单耗，并能在极短时间内（5~6s）完成絮凝反应。相对絮凝率的计算方法如下[94]：

$$R = (1 - T/T_0) \times 100\% \tag{2-1}$$

式中　R——相对絮凝率；

　　　T——絮凝后上清液的浊度，NTU；

　　　T_0——絮凝前料浆的浊度，NTU。

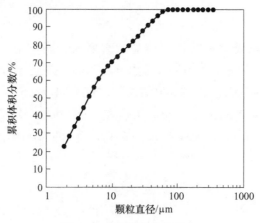

图 2-3　人造尾砂粒径分布

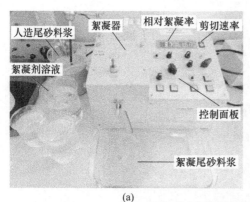
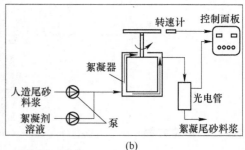

(a)　　　　　　　　　　　　　　　　　(b)

图 2-4　UFT-T FS-029 超级絮凝测试仪

（a）实物照片；（b）原理图

　　配置不同固体体积分数（$\varphi = 2\%$、4%、6%、8%、10%）的人造尾砂料浆，控制尾砂料浆的进料速度稳定在 1m/s，通过控制面板上絮凝剂进料速度开关和剪切速率开关对相应参数进行调节,研究在不同絮凝剂单耗和不同剪切速率下的相对絮凝率,对尾砂的絮凝行为进行优化研究。

2.2.3　pH 对絮凝行为的影响

在研究固体体积分数、絮凝剂单耗和剪切速率对相对絮凝率的影响之前,先对 pH 条件进行优选。配置固体体积分数 $\varphi=4\%$ 的尾砂料浆,控制剪切速率 $G=300s^{-1}$,设定絮凝剂单耗为 $f_d=10g/t$,并用 $Ca(OH)_2$ 溶液调节料浆 pH。由图 2-5 可知,$\varphi=4\%$ 时,在 pH 值为 11 时尾砂料浆的相对絮凝率达到最大值 80%。同时,取絮凝后料浆的上部澄清液,再应用意大利哈纳浊度仪 HI93414 进行浊度测试,可发现:浊度随着 pH 的增加不断降低,越来越清澈;在 pH 值为 11 处,其浊度降低到 43.2 NTU;pH 值大于 11 时,浊度虽有降低但不明显。因此,综合相对絮凝率与浊度,可判定 pH 值 11 为最优条件。

应用 ZetaCompact Z9000 电位计对不同 pH 条件下的 Zeta 电位进行测量。由于该电位计只能测量 pH 值不大于 11 时的电位,所以仅测量人造尾砂料浆在 pH 值为 8~11 时的电位,其结果如图 2-5 所示。由图 2-5 可知,随着 pH 值的增加,料浆中 Ca^{2+} 的含量增加,导致 Zeta 电位不断增加,相对絮凝率的增长趋势、浊度的降低趋势与 Zeta 电位的增长趋势一致。

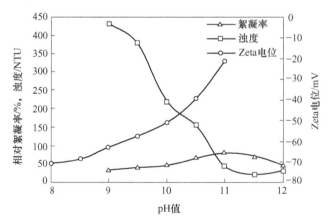

图 2-5　不同 pH 条件下的相对絮凝率、上清液浊度与 Zeta 电位

2.2.4　剪切速率与絮凝剂单耗对絮凝行为的影响

配置固体体积分数 $\varphi=4\%$ 的尾砂料浆,用 $Ca(OH)_2$ 溶液调节料浆 pH 至 11,设定最大絮凝剂单耗为 20g/t,通过控制面板上旋转步进式开关调节絮凝剂单耗 $f_d=2\sim20g/t$,并通过调节剪切速率开关控制料浆剪切速率 $G=100\sim2000s^{-1}$,结果如图 2-6 所示。

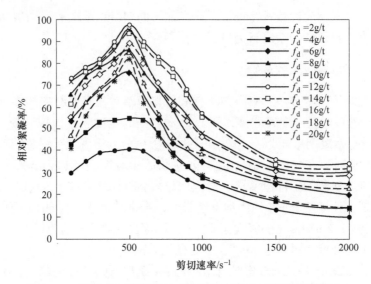

图 2-6　不同絮凝剂单耗条件下剪切速率对相对絮凝率的影响

　　从图 2-6 可看出，无论絮凝剂单耗如何变化，人造尾砂料浆的相对絮凝率均随着剪切速率的增大先增加后减少，并均在 $G = 500s^{-1}$ 处达到最大值。这是因为剪切速率相对较低时，由于对流扩散，适当增加剪切速率，絮凝剂分子在悬浮液中的扩散速率显著增加，有助于絮凝剂与人造尾砂料浆的混合，进而有助于尾砂颗粒的絮凝；而当剪切速率超过一定值（$G = 500s^{-1}$）时，继续增大剪切速率，则高分子链又会从尾砂颗粒表面脱落，已形成的絮团被破坏，从而使得整体相对絮凝率表现为降低（如图 2-7 所示）。

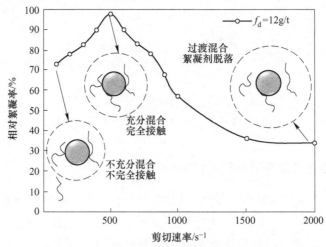

图 2-7　剪切速率对相对絮凝率的影响机理

另外，无论剪切速率为多少，絮凝剂单耗为 $f_d = 12g/t$ 时相对絮凝率均大于其他絮凝剂单耗条件下对应剪切速率的相对絮凝率。同时，随着絮凝剂单耗增加，相对絮凝率先增加后减少。这是因为阴离子聚丙烯酰胺的絮凝机理为"桥接"絮凝，当絮凝剂的浓度较高时，颗粒表面被絮凝剂完全覆盖，没有"空位"留给附着于另一颗粒上的絮凝剂（如图 2-8 所示），从而不能有效絮凝，导致相对絮凝率降低。因此，在 pH 值为 11，$\varphi = 4\%$ 时，最优剪切速率为 $G = 500s^{-1}$，最优絮凝剂单耗为 $f_d = 12g/t$。

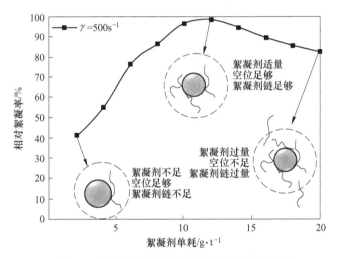

图 2-8　絮凝剂单耗对相对絮凝率的影响机理

最优剪切速率明显高于应用传统絮凝研究所获得的最优剪切速[29,95]，这是因为超级絮凝测试仪内的絮凝反应时间极短，根据超级絮凝理论，此时采用较高的剪切速率有助于絮凝，来不及破坏形成的絮团。但是和传统絮凝一样，若剪切速率过高，仍会破坏絮团，使得相对絮凝率降低。

2.2.5　固体体积分数对絮凝行为的影响

本节直接对稀释后进料料浆中固体体积分数对絮凝的影响进行研究。

从图 2-9 可看出，不同的固体体积分数条件下（$\varphi = 2\% \sim 14\%$），相应的最优相对絮凝率随着固体体积分数的增加而减少，其中在 $\varphi = 2\%$、$\varphi = 4\%$ 时，最优相对絮凝率相近。而达到相应最优相对絮凝率所需要的剪切速率（最优剪切速率）先减少后增加，其中，在 $\varphi = 4\%$、$\varphi = 6\%$ 时，所需要最优剪切速率最低，均为 $500s^{-1}$，所对应的最优相对絮凝率分别为 98% 和 94%。综合最优絮凝效率及其所需的剪切速率，在不考虑处理能力等其他条件下，认为 $\varphi = 4\%$ 是最优固体体积分数。

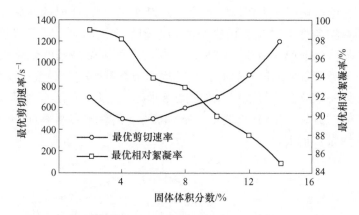

图 2-9 不同固体体积分数的最优剪切速率与最优相对絮凝率

根据 Smoluchowski 理论，在给定的絮凝剂单耗条件下，随着料浆中固体体积分数增加，高分子絮凝剂在料浆中扩散速率明显降低，尾砂颗粒与絮凝剂混合效果较差，从而导致最优相对絮凝率降低。同时，增加剪切速率可以增加高分子的扩散速率，所以固体体积分数越高，达到最优相对絮凝率时所需的最优剪切速率对固体体积分数的依赖性也越高。而在固体体积分数很低时（$\varphi = 2\%$），因为高分子絮凝剂过于分散，导致尾砂颗粒和絮凝剂混合接触的概率降低，从而需要更大的剪切速率来促进尾砂颗粒与絮凝剂的混合接触，以提高相对絮凝率。

2.3 基于絮团弦长的全尾砂絮凝行为影响因素分析

本节应用絮团弦长、ISR 与 T 进行全尾砂絮凝行为的表征，分析全尾砂絮凝行为的影响因素[96]。

2.3.1 实验材料

本节主要的实验材料为全尾砂和絮凝剂，具体介绍如下。

2.3.1.1 全尾砂

本节所用的全尾砂取自于国内某地下矿山，应用比重法测得真实密度为 $2785kg/m^3$，松散容重和密实容重分别为 $1217kg/m^3$ 和 $1527kg/m^3$，松散堆积密实度和密实堆积密实度分别为 0.437 和 0.548，松散孔隙率和密实孔隙率分别为 56.29% 和 45.17%。

采用欧美克 TopSizer Laser Particle Sizer 激光粒度分析仪测定全尾砂粒度分布，所得结果如图 2-10 所示，$-1\mu m$ 累积含量占比为 4.14%，$-20\mu m$ 累积含量占比为 54.74%，$-40\mu m$ 累积含量占比为 74.25%，$-74\mu m$ 累积含量占比为

91.31%，－100μm 累积含量占比为 95.38%，d_{32} 和 d_{43} 分别为 5.22μm 和 30.67μm，最小粒径为 0.282μm。全尾砂颗粒的比表面积为 1.149m²/g。

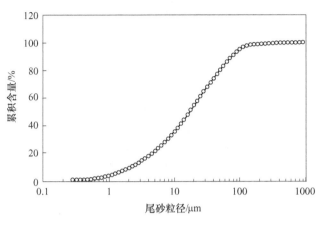

图 2-10　全尾砂粒度分布曲线

采用 SEM 对全尾砂颗粒的形貌进行分析，所得结果如图 2-11 所示，全尾砂颗粒呈不规则的块状。

图 2-11　全尾砂颗粒形貌

2.3.1.2　絮凝剂

根据全尾砂性质及矿山现场目前实际应用情况，本书选用 Rheomax 1010、Rheomax 1020、Rheomax 1050、Magnafloc 336、Magnafloc 5250、APAM-10 共 6 种阴离子型聚丙烯酰胺絮凝剂（APAM），均为高分子絮凝剂，相对分子质量分别为 2520 万、2160 万、2000 万、2880 万、1800 万和 1200 万。

2.3.2　实验方案

根据本书全尾砂絮凝行为的表征方法，实验过程示意如图 2-12 所示。首先进行搅拌絮凝实验，时间为 4min，应用 FBRM 监测不同絮凝因素影响下絮团尺寸随着时间的演化规律。絮凝结束后将絮凝的全尾砂料浆倒入沉降筒中，记录固液分界面的高度随着沉降时间的变化规律，根据初始沉降阶段的沉降曲线计算其斜率，斜率绝对值即为固液分界面的初始沉降速率（ISR）。最后应用浊度计测定沉降后上清液的浊度（T）。

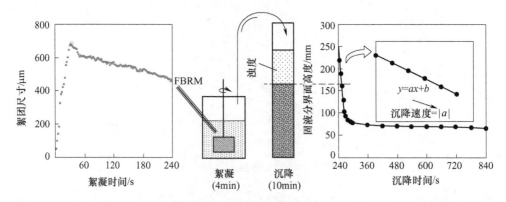

图 2-12　全尾砂絮凝沉降实验过程

实验装置如图 2-13 所示，实验过程中主要实验设备包括混凝试验搅拌机、FBRM、浊度仪等，具体介绍如下。

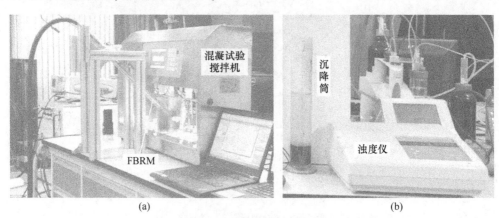

图 2-13　全尾砂絮凝沉降实验装置

（a）全尾砂絮凝实验装置；（b）全尾砂沉降实验装置

（1）混凝试验搅拌机。选用 MY 3000-6M 彩屏混凝试验搅拌机，混凝试验杯体积为 1000mL，可通过无极调节搅拌叶片在 10~1000r/min 的转速内转动，从而产生在 10~1000s^{-1} 的剪切速率（速度梯度）G，为研究流场水力条件对全尾砂絮凝行为的影响提供条件。

（2）FBRM。FBRM 为瑞典 METTLER TOLEDO 的 G600。

（3）浊度仪。为检测絮凝后全尾砂料浆固液分离效果，选用哈希 HACH 2100N 浊度仪对沉降后上清液的浊度进行检测，量程范围 0～4000NTU，精度为 0.01NTU。

本节针对该矿山的尾砂，忽略尾砂粒级及矿物组成的影响，主要分析絮凝剂种类、FD、FC、SF、G 对全尾砂絮团的平均尺寸（弦长）的影响，确定各因素的最优值范围。

实验采用 MY 3000-6M 彩屏混凝试验搅拌机，研究不同絮凝剂种类、不同 SF（5%、10%、15%、20%、25%）、不同 FD（5g/t、10g/t、15g/t、25g/t）、不同 FC（0.5‰、2.5‰、5‰、10‰、15‰）和不同 G（51.6s^{-1}、94.8s^{-1}、146.0s^{-1}、204.0s^{-1}、268.2s^{-1}、338.0s^{-1}、412.9s^{-1}）下的全尾砂絮凝情况，将 FBRM 的探头浸没入尾砂料浆中监测不同絮凝因素影响下的全尾砂絮团尺寸，应用 FBRM 软件的 Marco 弦长和平方加权方法对测量数据进行处理[64]，所得全尾砂絮团尺寸为 SWMCL。采用单因素实验，共计 22 组，尾砂料浆用干尾砂和实验室自来水进行配制，每组实验中全尾砂料浆体积和絮凝溶液的总体积为 1000mL，pH 值为 7.41。

2.3.3 絮凝剂种类对全尾砂絮凝行为的影响

在全尾砂料浆 SF 为 10%、FD 为 10g/t、FC 为 2.5‰、G 为 94.8s^{-1} 的条件下，六种不同絮凝剂作用下的全尾砂絮团平均加权弦长变化规律如图 2-14 所示。

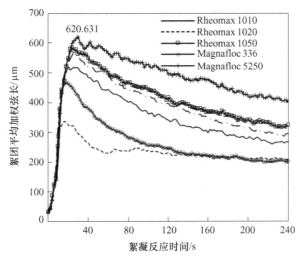

图 2-14　絮凝剂种类对全尾砂絮凝行为的影响

在不同絮凝剂种类条件下，全尾砂均快速絮凝形成絮团，并且絮团的平均加权弦长增长达到峰值后随着絮凝反应时间逐渐下降至一个稳定状态。因为在流场剪切作用下发生的架桥絮凝中，全尾砂絮凝成絮团（聚并）、絮团的剪切破碎（破碎）等过程往往同时并且一直存在，在剪切初始阶段，以聚并过程为主，絮团的平均加权弦长表现为增长；达到峰值后，随着剪切作用的继续进行，以破碎现象为主，大而疏松絮团会被剪切破碎成为较小的絮团；当絮团的聚并与破碎达到平衡时，絮团的平均加权弦长达到一个稳定状态。

虽然不同絮凝剂条件下，絮团的平均加权弦长变化趋势相似，但是获得的平均加权弦长峰值（maximum square-weighted mean chord length，$SWMCL_{max}$）以及絮凝反应结束后的絮团平均加权弦长（$SWMCL_{4min}$）却不尽相同。由图 2-14 可知，Magnafloc 5250 絮凝剂作用下可获得的 $SWMCL_{max}$ 和 $SWMCL_{4min}$ 均比其他絮凝剂的大，分别达到了 620.63μm 和 399.57μm，且达到 $SWMCL_{max}$ 的絮凝时间也最长，为 30s。这是因为，不同类型的絮凝剂的结构、分子量、离子性等不同，导致其絮凝效果不同。同时，因为除了不同絮凝剂条件下形成絮团的尺寸不同外，絮团的结构、密度与抗剪强度也不尽相同，导致在平均加权弦长下降阶段不同絮凝剂条件下的絮团平均加权弦长下降速率也不尽相同。

以 Magnafloc 5250 絮凝剂作用下的絮团弦长的分布（如图 2-15 所示）为例，进一步分析这一絮凝行为。

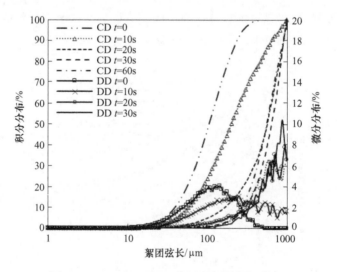

图 2-15　Magnafloc 5250 作用下絮团弦长分布

(CD 为积分分布，DD 为微分分布)

由图 2-15 可知，在 0~30s 内絮团弦长微分分布的峰值和累积分布曲线不断右移，絮团不断生长，大尺寸絮团不断增多，从而导致图 2-14 中的絮团平均加权弦长不断增长。30s 以后，由于剪切作用，大尺寸絮团被破碎，絮团弦长微分分布的峰值和累积分布曲线左移，从而导致图 2-14 中的絮团平均加权弦长逐渐下降。

因此，针对本书中所研究的全尾砂，六种絮凝剂中 Magnafloc 5250 絮凝效果最好，在后续的研究中采用 Magnafloc 5250 絮凝剂。

2.3.4 料浆固体质量分数对全尾砂絮凝行为的影响

在絮凝剂为 Magnafloc 5250、FD 为 10g/t、FC 为 2.5‰、G 为 94.8s^{-1}的条件下，SF 分别为 5%、10%、15%、20%、25% 的全尾砂料浆絮凝行为如图 2-16 所示。

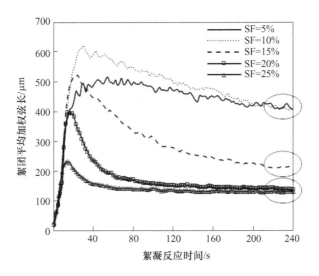

图 2-16　质量分数（SF）对全尾砂絮凝行为的影响

由图 2-16 可知，SWMCL$_{max}$和 SWMCL$_{4min}$随着 SF 的增加而先增大后减小，其中 SWMCL$_{max}$在 SF 为 10%时取得最大值。这是因为，在絮凝初始阶段，根据 Smoluchowski 理论，在其他絮凝条件相同的情况下，絮凝剂的扩散速率随着料浆的 SF 增加而降低，导致絮凝剂与尾砂颗粒接触的机会降低，从而降低了絮凝效果。但是当 SF 过低时（SF=5%），絮凝剂过于分散而料浆中尾砂颗粒有限，同样导致絮凝效果不是很理想，所以需要相对较长的时间才能获得 SWMCL$_{max}$。同时，随着剪切作用的持续进行，不同 SF 下的 SWMCL$_{4min}$近似分为三组：402μm 左右（SF=5%、10%）；213μm（SF=15%）；135μm 左右（SF=20%、25%）。因此针对本节其他絮凝条件不变的情况下，最佳 SF 为 10%。因此可确定在后续的 BBD 优选试验研究中全尾砂 SF 范围为 5%~25%。

2.3.5　絮凝剂单耗与浓度对全尾砂絮凝行为的影响

在絮凝剂为 Magnafloc 5250、FD 为 10g/t、G 为 94.8s^{-1} 的条件下，FC 为 2.5‰时不同 FD（5g/t、10g/t、15g/t、25g/t）的全尾砂料浆絮凝行为和 FD 为 10g/t 时不同 FC（0.5‰、2.5‰、5‰、10‰、15‰）的全尾砂料浆絮凝行为分别如图 2-17（a）、图 2-17（b）所示。

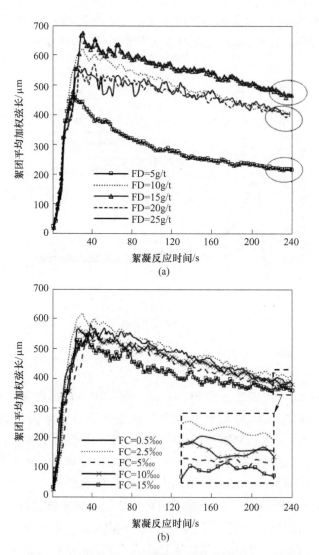

图 2-17　絮凝剂单耗与浓度对全尾砂絮凝行为的影响

（a）絮凝剂单耗（FD）；（b）絮凝剂溶液浓度（FC）

由图 2-17（a）可知，$SWMCL_{max}$ 和 $SWMCL_{4min}$ 随着 FD 的增加而先增大后减小，均在 15g/t 时最大。同时，不同 FD 条件下的 $SWMCL_{4min}$ 近似分为三组：466μm（FD＝15g/t）；399μm 左右（FD＝10g/t、20g/t、25g/t）；212μm（FD＝5g/t）。这是因为，高分子絮凝剂和全尾砂的絮凝作用属于架桥絮凝，在 FD 较低时（5g/t、10g/t），因絮凝剂的不足而导致絮凝效果不佳；而在 FD 过高时（20g/t、25g/t），因絮凝剂的过量导致全尾砂颗粒表面全被絮凝剂覆盖而不能和其他颗粒架桥形成絮团，絮凝效果也不佳。因此，可确定在后续的 BBD 优选试验研究中 FD 范围为 5~25g/t。

由图 2-17（b）可知，$SWMCL_{max}$ 和 $SWMCL_{4min}$ 随着 FC 的变化不明显，分别在 550μm 和 380μm 左右。虽然本书中 FC 不同，但是絮凝剂溶液加入到全尾砂料浆后，整个反应体系的总体积都是 1000mL，由于流场剪切作用，絮凝剂溶液和全尾砂料浆快速混合，整个反应体系的絮凝剂浓度均相同，因此，FC 对絮凝效果的影响并不大。但是，由于不同絮凝剂溶液制备时间相同，可能导致高浓度絮凝剂溶液（15‰）中的絮凝剂高分子溶解效果比低浓度絮凝剂溶液低，从而导致 15‰条件下的 $SWMCL_{max}$ 和 $SWMCL_{4min}$ 相对较小。因此，可确定在后续的 BBD 优选试验研究中 FC 范围为 0.5‰~15‰。

2.3.6　剪切速率对全尾砂絮凝行为的影响

在絮凝剂为 Magnafloc 5250、SF 为 10%、FD 为 10g/t、FC 为 2.5‰的条件下，不同 G（$51.6s^{-1}$、$94.8s^{-1}$、$146.0s^{-1}$、$204.0s^{-1}$、$268.2s^{-1}$、$338.0s^{-1}$、$412.9s^{-1}$）5 对全尾砂料浆絮凝行为的影响如图 2-18 所示。

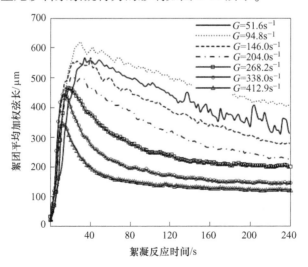

图 2-18　剪切速率（G）对全尾砂絮凝行为的影响

由图 2-18 可知，在其他絮凝条件不变的情况下，$SWMCL_{max}$ 和 $SWMCL_{4min}$ 随着 G 的增加而先增大后减小，均在 $94.8s^{-1}$ 时最大。在 G 较低时（低于 $94.8s^{-1}$），适当增加 G 有助于絮凝剂分子与全尾砂颗粒的碰撞、吸附、架桥、絮凝，从而增加絮凝效果；而当 G 较高时（高于 $94.8s^{-1}$），继续增加 G，已形成的絮团会被剪切破碎，不利于絮凝作用。但是，随着 G 的增加，絮凝剂和全尾砂颗粒的混合效果不断增加，从而达到 $SWMCL_{max}$ 所需的时间不断缩短。因此，可确定后续 BBD 优选试验研究中 G 的范围为 $51.6 \sim 412.9s^{-1}$。

2.4　基于絮团弦长的全尾砂絮凝行为条件优选

常用的优化设计试验方法包括正交设计（orthogonal experimental design，OED）、均匀设计（uniform design experimentation，UDE）和响应面设计（response surface methodology，RSM），而在这些方法中，响应面设计由于其独特的优点而成为一种国内外广泛选用的试验方法[97,98]。Box-Behnken Design（BBD）是响应面设计中一种常用的设计方法，尤其适用于 2~5 个因素的优化实验，当研究因素相同时，BBD 的试验次数少而更经济，并且优化求解出的最优工艺水平值不会超出最高值范围，对某些有特殊需要或安全要求的试验尤为适用。为此，本章采用 BBD 方法在一定实验次数的基础上，对影响全尾砂絮凝行为的因素及其相互作用影响进行综合分析，选出最优的絮凝条件[99]。

根据 2.3 节的全尾砂絮凝影响因素分析，选用絮凝剂 Magnafloc 5250，全尾砂 SF 范围为 5%~25%，FD 范围为 5~25g/t，FC 范围为 0.5‰~15‰，G 的范围为 $51.6 \sim 412.9s^{-1}$。

2.4.1　实验设计

以絮凝过程中 $SWMCL_{max}$、ISR 和 T 为响应指标，应用 RSM 中的 BBD 方法开展全尾砂絮凝条件的响应曲面实验。基于 4 因素的组合设计，考察 SF、FD、FC 及 G 对全尾砂絮凝行为的影响，实验因素水平及编码如表 2-1 所示。

表 2-1　全尾砂絮凝 BBD 实验因素水平及编码

因　　素	单位	水平（-1）	水平（+1）
x_1—全尾砂固体质量分数，SF	%	5	25
x_2—絮凝剂单耗，FD	g/t	5	25
x_3—絮凝剂溶液浓度，FC	‰	0.5	15
x_4—剪切速率，G	1/s	51.6	412.9

根据表 2-1 中 4 个因素水平,可设计出全尾砂絮凝 BBD 实验方案,共需要开展 29 组实验,如表 2-2 所示。

表 2-2 全尾砂絮凝 BBD 实验方案

实验编号	固体质量分数 SF/%	絮凝剂单耗 FD/g·t^{-1}	絮凝剂溶液浓度 FC/‰	剪切速率 G/s^{-1}
T1	15	15	15	51.6
T2	25	15	15	232.25
T3	5	25	7.75	232.25
T4	15	15	0.5	412.9
T5	15	15	7.75	232.25
T6	15	15	7.75	232.25
T7	15	15	7.75	232.25
T8	15	5	7.75	51.6
T9	25	5	7.75	232.25
T10	15	25	15	232.25
T11	25	15	7.75	51.6
T12	15	15	0.5	51.6
T13	5	15	15	232.25
T14	15	5	7.75	412.9
T15	15	5	0.5	232.25
T16	15	15	7.75	232.25
T17	5	15	7.75	51.6
T18	25	25	7.75	232.25
T19	15	15	7.75	232.25
T20	15	25	7.75	51.6
T21	25	15	0.5	232.25
T22	15	15	15	412.9
T23	5	15	0.5	232.25

实验编号	固体质量分数 SF/%	絮凝剂单耗 FD/g·t⁻¹	絮凝剂溶液浓度 FC/‰	剪切速率 G/s⁻¹
T24	15	25	7.75	412.9
T25	25	15	7.75	412.9
T26	5	15	7.75	412.9
T27	15	5	15	232.25
T28	5	5	7.75	232.25
T29	15	25	0.5	232.25

2.4.2 全尾砂絮凝 BBD 实验结果

根据表 2-2 中的实验方案，依次完成 29 组实验，不同实验条件下的 SWMCL 的变化规律和沉降曲线分别如图 2-19、图 2-20 所示。根据图 2-19，可得不同条件下的 $SWMCL_{max}$，根据图 2-20 中沉降曲线的初始线性阶段的斜率可得絮凝全尾砂料浆的 ISR，所得结果如表 2-3 所示。

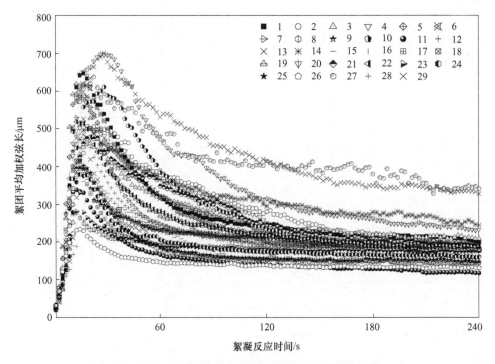

图 2-19　不同实验条件下全尾砂絮团弦长演化规律

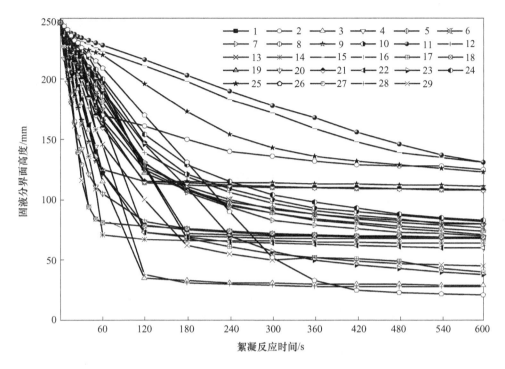

图 2-20 不同实验条件下絮凝全尾砂料浆沉降曲线

表 2-3 全尾砂絮凝 BBD 实验结果

编号	SWMCL$_{max}$/μm	ISR/mm · s^{-1}	T/NTU
T1	647.085	3.909	47.1
T2	507.166	1.295	138
T3	467.149	4.275	154
T4	508.29	3.051	137
T5	592.294	1.042	68.4
T6	619.053	0.986	52.7
T7	615.58	0.941	67.2
T8	310.198	0.22	197
T9	453.24	2.152	145
T10	611.092	0.82	39.9
T11	338.402	0.2	194
T12	486.257	0.899	141

编号	SWMCL$_{max}$/μm	ISR/mm · s^{-1}	T/NTU
T13	511.784	3.637	118
T14	500.821	4.492	140
T15	366.689	0.216	196
T16	592.294	0.953	99.9
T17	393.976	0.278	159
T18	416.171	1.211	157
T19	619.427	1.019	68.3
T20	698.156	4.492	19.3
T21	476.262	1.115	147
T22	519.078	1.671	108
T23	330.6	0.925	187
T24	379.457	0.762	186
T25	397.728	0.364	158
T26	234.17	0.208	221
T27	656.665	5.711	35.9
T28	251.588	1.048	206
T29	700.338	5.228	16.1

采用多元二次多项式模型，进行响应指标（SWMCL$_{max}$、ISR 和 T）与影响因素（SF、FD、FC 及 G）的回归预测模型分析。回归预测模型如式（2-2）所示。

$$Y = \beta_0 + \sum_{i=1}^{n} \beta_i x_i + \sum_{i=1}^{n} \beta_{ii} x_i^2 + \sum_{i<j} \beta_{ij} x_i x_j \qquad (2\text{-}2)$$

式中　Y——响应值；

β_0——常数项系数；

β_i——一次项系数；

β_{ii}——平方项（曲面作用项）系数；

β_{ij}——交叉项（交互作用项）系数；

n——实验因素数量；

x_i，x_j——实验因素编码值。

根据表 2-3 中的结果，SWMCL$_{max}$、ISR 和 T 的回归预测模型分别如式（2-3）~式（2-5）所示。

$$y_1 = 607.73 + 33.31x_1 + 61.1x_2 + 48.7x_3 - 27.88x_4 - 63.16x_1x_2 -$$
$$37.57x_1x_3 + 54.78x_1x_4 - 94.81x_2x_3 - 127.33x_2x_4 - \tag{2-3}$$
$$37.51x_3x_4 - 171.68x_1^2 - 42.52x_2^2 + 21.1x_3^2 - 92.26x_4^2$$

$$y_2 = 0.99 - 0.34x_1 + 0.25x_2 + 0.47x_3 + 0.046x_4 - 1.04x_1x_2 -$$
$$0.63x_1x_3 + 0.058x_1x_4 - 2.48x_2x_3 - 2x_2x_4 - 1.1x_3x_4 - \tag{2-4}$$
$$0.41x_1^2 + 1.33x_2^2 + 1.06x_3^2 + 0.067x_4^2$$

$$y_3 = 71.3 - 8.83x_1 - 28.97x_2 - 28.1x_3 + 16.05x_4 + 16x_1x_2 +$$
$$15x_1x_3 - 24.5x_1x_4 + 45.97x_2x_3 + 55.93x_2x_4 + 16.22x_3x_4 + \tag{2-5}$$
$$77.05x_1^2 + 15.57x_2^2 - 7.08x_3^2 + 42.47x_4^2$$

式中 y_1——SWMCL$_{max}$，μm；

y_2——ISR，mm/s；

y_3——T，NTU；

x_1——SF，%；

x_2——FD，g/t；

x_3——FC，%；

x_4——G，s^{-1}。

应用 F 检验（Fisher's F test）和 t 检验（Student's t test）对式（2-3）～式（2-5）的有效性与精度进行分析验证。

各个回归预测模型的方差分析（ANOVA）如表 2-4 所示。根据表 2-4 可知，SWMCL$_{max}$、ISR 和 T 的回归预测模型的 F 值分别为 148.54、20.45 和 16.44，均大于 $F_{0.001,14,14}$（5.93），p 值均小于 0.0001，说明各回归预测模型均显著。同时，各回归预测模型的相关系数 R^2 均大于 0.9，分别为 0.9933、0.9534、0.9427，而校正相关系数 R_{adj}^2 也比较接近于相关系数 R^2。说明所得的回归预测模型较好地反映了 SWMCL$_{max}$、ISR 和 T 与各个因素之间的关系，回归模型显著而有效。

表 2-4　回归预测模型方差分析

响应值	F 值	p 值 Prob >F	R^2	R_{adj}^2
SWMCL$_{max}$，y_1	148.54	< 0.0001	0.9933	0.9866
ISR，y_2	20.45	< 0.0001	0.9534	0.9067
T，y_3	16.44	< 0.0001	0.9427	0.8853

以上相关性分析可以通过模型预测值与实际值的关系（图 2-21）。由图 2-21 可知，SWMCL$_{max}$、ISR 和 T 的回归预测模型计算出的预测值与对应的实验值近乎呈线性关系，进一步说明模型显著有效。

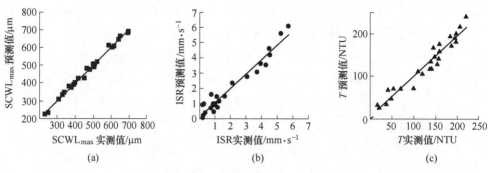

图 2-21　回归预测模型预测值与实验值

（a）$\text{SWMCL}_{\max}$；（b）ISR；（c）T

根据 t 检验，$\text{SWMCL}_{\max}$、ISR 和 T 的回归预测模型中的各一次项、二次项和交互作用项的 F 值、t 值和 p 值如表 2-5 所示。其中 F 值是 t 值的平方，根据 t 值的符号可以判断各项对模型的影响是正作用还是负作用，根据 t 值计算出的 p 值可以判断各项对模型作用的显著性。本书中，置信水平设置为 95%，当 p 值小于 0.05 时认为该项对模型的作用是显著的。一般情况下，显著性随着 t 值的增大和 p 值的减小而增加。

表 2-5　回归预测模型 t 检验结果

项	$\text{SWMCL}_{\max}$, y_1			ISR, y_2			T, y_3		
	F 值	t 值	p 值	F 值	t 值	p 值	F 值	t 值	p 值
x_1	57.76	7.60	< 0.0001	5.08	-2.25	0.0408	2.19	-1.48	0.1610
x_2	194.34	13.94	< 0.0001	2.71	1.65	0.1218	23.56	-4.85	0.0003
x_3	123.49	11.11	< 0.0001	9.81	3.13	0.0073	22.17	-4.71	0.0003
x_4	40.46	-6.36	< 0.0001	0.09	0.31	0.7632	7.23	2.69	0.0176
x_1x_2	69.22	-8.32	< 0.0001	16.26	-4.03	0.0012	2.40	1.55	0.1439
x_1x_3	24.49	-4.95	0.0002	6.00	-2.45	0.0281	2.11	1.45	0.1688
x_1x_4	52.08	7.22	< 0.0001	0.05	0.23	0.8242	5.62	-2.37	0.0327
x_2x_3	155.98	-12.49	< 0.0001	91.79	-9.58	< 0.0001	19.78	4.45	0.0006
x_2x_4	281.36	-16.77	< 0.0001	59.93	-7.74	< 0.0001	29.27	5.41	< 0.0001
x_3x_4	24.42	-4.94	0.0002	18.04	-4.25	0.0008	2.46	1.57	0.1388
x_1^2	829.47	-28.80	< 0.0001	4.14	-2.04	0.0612	90.10	9.49	< 0.0001
x_2^2	50.87	-7.13	< 0.0001	42.75	6.54	< 0.0001	3.68	1.92	0.0757
x_3^2	12.65	3.56	0.0032	27.19	5.21	0.0001	0.76	-0.87	0.3978
x_4^2	239.54	-15.48	< 0.0001	0.11	0.33	0.7473	27.38	5.23	0.0001

根据表 2-5 可知，对 $\text{SWMCL}_{\max}$ 影响最大三项依次为 x_2、x_1 和 x_3，说明絮凝

剂单耗对絮团尺寸的影响最大。对 ISR 影响最大三项依次为 x_2^2、x_3^2 和 x_3，说明絮凝剂单耗的平方对初始沉降速率的影响最大。对 T 影响最大三项依次为 x_2x_4、x_1^2 和 x_4^2，说明絮凝剂单耗与剪切速率的交互作用对浊度的影响最大。

2.4.3 影响因素的交互作用

根据表 2-5 可知，$\mathrm{SWMCL_{max}}$、ISR 和 T 的回归预测模型中四个因素间的两两交互作用项的 p 值均较小，其中 $\mathrm{SWMCL_{max}}$ 回归预测模型的交互作用项的 p 值均小于 0.05、ISR 的回归预测模型的交互作用项（除 x_1x_4 项外）的 p 值均小于 0.05、T 的回归预测模型的交互作用项 x_1x_4、x_2x_4 和 x_3x_4 的 p 值均小于 0.05，说明在置信水平设置为 95% 时，因素的交互作用对 $\mathrm{SWMCL_{max}}$、ISR 和 T 的影响显著。因此应用 Design-expert 软件，通过等高线对因素间的交互作用进行分析。本节重点分析各因素交互作用对 $\mathrm{SWMCL_{max}}$ 的影响。

2.4.3.1 各因素交互作用对 $\mathrm{SWMCL_{max}}$ 的影响

各因素对交互作用对 $\mathrm{SWMCL_{max}}$ 的影响如图 2-22 所示。图 2-22 中各个子图的另外两个因素都取中间值，以图 2-22（a）为例，除了 SF、FD 两个因素外，FC 和 G 都固定在中间值，即 FC = 0.0775%（7.75‰）、G = 232.25s⁻¹。从图 2-22 可看出，各个子图中的等高线的曲率均较大，说明因素间相互依赖，进而表明

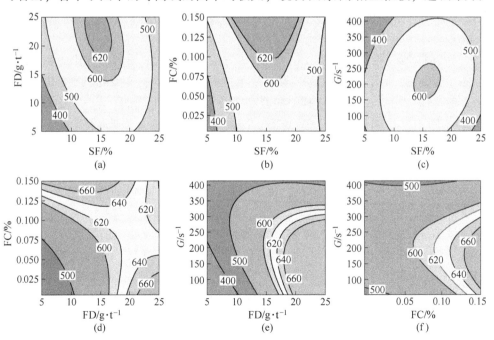

图 2-22　因素间交互作用对 $\mathrm{SWMCL_{max}}$ 影响的等高线

（a）SF-FD；（b）SF-FC；（c）SF-G；（d）FD-FC；（e）FD-G；（f）FC-G

每两个因素之间的交互作用对 $SWMCL_{max}$ 都有显著影响。下面对交互作用的影响进行具体分析。

由图 2-22 (a) 可知，在本书的实验水平范围内，$SWMCL_{max}$ 随着 SF 升高先升高后降低，当 SF 在 15% 左右时，$SWMCL_{max}$ 达到最优值；$SWMCL_{max}$ 随着 FD 升高先升高后降低，当 FD 在 22g/t 时，$SWMCL_{max}$ 达到最优值。同时，当 SF 小于 10%、FD 小于 15g/t 时，$SWMCL_{max}$ 小于 400μm，$SWMCL_{max}$ 的等高线近似直线，说明在此条件下 SF 与 FD 两个因素的交互作用不强。当 SF 为 10% ~ 25%、FD 为 15 ~ 25g/t 时，$SWMCL_{max}$ 的等高线为椭圆，说明此时这两个因素的交互作用较强。因此，当 FC 为 0.0775% (7.75‰)、G 为 232.25s^{-1} 时，$SWMCL_{max}$ 达到最大值的条件为：SF 为 10% ~ 25%、FD 为 15 ~ 25g/t。

固定 FD 为 15g/t、G 为 232.25s^{-1}，得到 SF 与 FC 交互影响的等高线如图 2-22 (b) 所示。在本书的实验水平范围内，$SWMCL_{max}$ 随着 SF 的变化规律和图 2-22 (a) 一样，随着 SF 的升高先升高后降低，当 SF 在 15% 左右时，$SWMCL_{max}$ 达到最优值；$SWMCL_{max}$ 随着 FC 升高而不断升高，当 FC 在 0.15% (15‰) 时，$SWMCL_{max}$ 达到最优值。同时，当 SF 小于 10% 或为 24% ~ 25% 时，$SWMCL_{max}$ 小于 500μm，$SWMCL_{max}$ 的等高线近似直线，说明在此条件下 SF 与 FD 两个因素的交互作用不强。当 SF 为 10% ~ 24%、FC 为 6‰ ~ 15‰ 时，$SWMCL_{max}$ 的等高线为曲线，说明此时这两个因素的交互作用较强。因此，当 FD 为 15g/t、G 为 232.25s^{-1} 时，$SWMCL_{max}$ 达到最大值的条件为：SF 为 13% ~ 18%、FC 为 13‰ ~ 15‰。

固定 FD 为 15g/t、FC 为 0.0775% (7.75‰)，得到 SF 与 G 交互影响的等高线如图 2-22 (c) 所示。在本书的实验水平范围内，$SWMCL_{max}$ 随着 SF 的变化规律和图 2-22 (a)、图 2-22 (b) 一样，随着 SF 的升高先升高后降低，当 SF 在 15% 左右时，$SWMCL_{max}$ 达到最优值；$SWMCL_{max}$ 随着 G 的升高而先升高后降低，当 G 为 232.25s^{-1} 左右时，$SWMCL_{max}$ 达到最优值。同时，当 SF 为 5% ~ 25%、G 为 51.6 ~ 412.9s^{-1} 时，$SWMCL_{max}$ 和 $SWMCL_{4min}$ 的等高线为椭圆，说明在此实验范围内 SF、G 两个因素的交互作用较强。因此，当 FD 为 15g/t、FC 为 0.0775% (7.75‰) 时，$SWMCL_{max}$ 达到最大值的条件为：SF 为 13% ~ 18%、G 为 180 ~ 265s^{-1}。

固定 SF 为 15%、G 为 232.25s^{-1}，得到 FD 与 FC 交互影响的等高线如图 2-22 (d) 所示。在本书的实验水平范围内，当 FC 小于 0.0775% (7.75‰) 时，$SWMCL_{max}$ 随着 FD 的升高而不断升高，当 FD 为 22 ~ 25g/t 时 $SWMCL_{max}$ 可达到最优值；当 FC 为 7.75‰ ~ 15‰ 时，$SWMCL_{max}$ 随着 FD 的升高而先升高后降低，当 SF 为 10 ~ 15g/t 时 $SWMCL_{max}$ 可达到最优值。当 FD 小于 20g/t 时，$SWMCL_{max}$ 随着 FC 的升高而不断升高，当 FC 为 14‰ ~ 15‰ 时 $SWMCL_{max}$ 可达到最优值；当 FD 为 20 ~ 25g/t 时，$SWMCL_{max}$ 随着 FC 的升高而不断降低，当 FC 为 0.5‰ ~ 1‰

时 $SWMCL_{max}$ 可达到最优值。同时，当 FD 小于 15g/t、FC 小于 0.0775% (7.75‰) 时，$SWMCL_{max}$ 小于 600μm，$SWMCL_{max}$ 的等高线近似直线，说明在此条件下 FD 与 FC 两个因素的交互作用不强。当 FD 为 15~25g/t 或 FC 为 7.75‰~15‰时，$SWMCL_{max}$ 的等高线为曲线，说明此时这两个因素的交互作用较强。因此，当 SF 为 15%、G 为 232.25s^{-1} 时，$SWMCL_{max}$ 达到最大值的条件为：FD 为 24~25g/t 、FC 为 0.5‰~1‰。

固定 SF 为 15%、FC 为 0.0775% (7.75‰)，得到 FD 与 G 交互影响的等高线如图 2-22（e）所示。在本书的实验水平范围内，当 G 小于 322.57s^{-1} 时，$SWMCL_{max}$ 随着 FD 的升高而不断升高，当 FD 为 23~25g/t 时 $SWMCL_{max}$ 可达到最优值；当 G 大于 322.57s^{-1} 时，$SWMCL_{max}$ 随着 FD 的升高而降低。当 FD 小于 13g/t 时，$SWMCL_{max}$ 随着 G 的升高而不断升高；当 FD 为 13~25g/t 时，$SWMCL_{max}$ 随着 FC 的升高而不断降低，当 G 为 51.6~141.93s^{-1} 时 $SWMCL_{max}$ 可达到最优值。同时，当 FD 小于 13g/t、G 小于 232.25s^{-1} 或 FD 为 13~25g/t、G 为 322.57~412.90s^{-1} 时，$SWMCL_{max}$ 小于 500μm，$SWMCL_{max}$ 的等高线近似直线，说明在此条件下 FD 与 G 两个因素的交互作用不强。当 FD 为 13~25g/t、G 小于 232.25s^{-1} 时，$SWMCL_{max}$ 的等高线为椭圆，说明此时这两个因素的交互作用较强。因此，当 SF 为 15%、FC 为 0.0775% (7.75‰) 时，$SWMCL_{max}$ 达到最大值的条件为：FD 为 24~25g/t、G 为 51.6~141.93s^{-1}。

固定 SF 为 15%、FD 为 15g/t，得到 FC 与 G 交互影响的等高线如图 2-22（f）所示。在本书的实验水平范围内，$SWMCL_{max}$ 随着 FD 的升高而不断升高，当 FC 大于 14‰时 $SWMCL_{max}$ 可达到最优值 $SWMCL_{max}$ 随着 G 的升高而先升高后降低，当 G 为 141.93s^{-1} 左右时 $SWMCL_{max}$ 可达到最优值。同时，当 FC 小于 4‰、G 小于 141.93s^{-1} 时，$SWMCL_{max}$ 小于 500μm，$SWMCL_{max}$ 的等高线近似直线，说明在此条件下 FC 与 G 两个因素的交互作用不强。当 FC 为 4‰~15‰ 或 G 大于 141.93s^{-1} 时，$SWMCL_{max}$ 的等高线为曲线，说明此时这两个因素的交互作用较强。因此，当 SF 为 15%、FD 为 15g/t 时，$SWMCL_{max}$ 达到最大值的条件为：FC 为 14‰~15‰、G 为 141.93~232.25s^{-1}。

2.4.3.2 各因素交互作用对 ISR 的影响

各因素对交互作用对 ISR 的影响如图 2-23 所示。

图 2-23 中各个子图的另外两个因素都取中间值，以图 2-23（a）为例，除了 SF、FD 两个因素外，FC 和 G 都固定在中间值，即 FC=0.0775% (7.75‰)、G=232.25s^{-1}。从图 2-23 可看出，除了 SF 和 G 的交互作用（图 2-23（c））外，其他因素之间的交互作用的等高线基本上都是马鞍形，说明这些因素之间的交互作用显著。

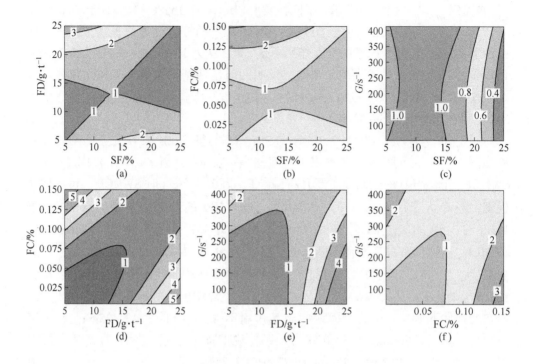

图 2-23　因素间交互作用对 ISR 影响的等高线
(a) SF-FD；(b) SF-FC；(c) SF-G；(d) FD-FC；(e) FD-G；(f) FC-G

ISR 受沉降时絮团的尺寸、密度、结构等性质与料浆的黏度的影响，本书前面只研究了絮凝条件对絮凝过程中最大的尺寸而非沉降初始时絮团的尺寸的影响，因此会发现图 2-23 中各个因素之间的交互作用对 ISR 的影响和图 2-22 中各个因素之间的交互作用对 SWMCL$_{max}$ 的影响明显不同。

2.4.3.3　各因素交互作用对 T 的影响

各因素对交互作用对 T 的影响如图 2-24 所示。

与图 2-22、图 2-23 一样，图 2-24 中各个子图的另外两个因素都取中间值。图 2-24 中各个等高线的曲率都很大，说明各个因素之间的交互作用对 T 的影响显著。对比图 2-22 和图 2-24 可发现，各个因素之间交互作用对 SWMCL$_{max}$ 的影响和对 T 的影响相反，即在一定条件下，SWMCL$_{max}$ 越大，则 T 就越小，这与表 2-3 中结果一致。本书中，希望在一定条件下获得 SWMCL$_{max}$ 的最大值和 T 的最小值。

2.4.4　絮凝条件优选与验证

应用 Design-expert 软件的 Optimization 功能，分别以 SWMCL$_{max}$ 的最大值、

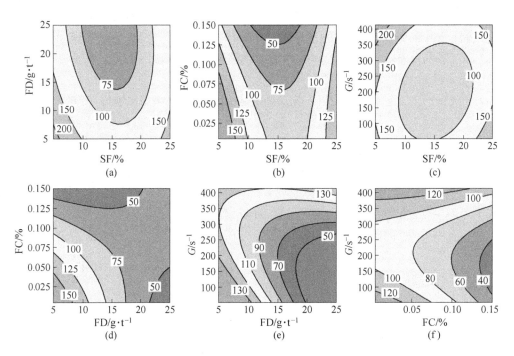

图 2-24 因素间交互作用对 T 影响的等高线

(a) SF-FD；(b) SF-FC；(c) SF-G；(d) FD-FC；(e) FD-G；(f) FC-G

ISR 的最大值和 T 的最小值为目标进行单目标絮凝条件优选，所得最优絮凝条件如表 2-6 所示。根据所得的最优絮凝条件，再开展验证实验。

由表 2-6 可知，在各个优化目标对应的优选条件下，相应的模型预测值和实验测试值都基本一致，相对误差较小，说明 $SWMCL_{max}$、ISR 和 T 的回归预测模型是有效的，也表明应用 RSM 中的 BBD 方法研究不同絮凝条件对全尾砂絮凝行为的影响并进行条件优选是可行的。

表 2-6 全尾砂絮凝条件优选与验证结果

优化目标	优选条件				响应值						
	SF /%	FD /g·t⁻¹	FC /%	G /s⁻¹	$SWMCL_{max}$/μm			ISR/mm·s⁻¹			T/NTU
					M	P	E	M	P	E	E
目标Ⅰ	14.18	25	0.005	112.09	705.12	732.27	3.85	6.03	6.30	4.44	15.1	14.5	-4.10
目标Ⅱ	15.85	5	0.150	412.90	620.63	646.92	4.24	7.41	7.09	-4.33	48.2	51.1	6.12
目标Ⅲ	14.46	25	0.005	111.13	712.45	732.12	2.76	6.11	6.28	2.75	13.8	14.4	4.55

注：目标Ⅰ，$SWMCL_{max}$ 最大值；目标Ⅱ，ISR 最大值；目标Ⅲ，T 最小值；M，实验测试值；P，模型预测值；E，相对误差，%。

但是，不同的优化目标所得的优选条件却不同，因此还需要以 $SWMCL_{max}$ 的最大值、ISR 的最大值和 T 的最小值为目标进行多目标优化。由于 $SWMCL_{max}$、ISR 和 T 单位不同，首先需要对各个目标函数进行归一化，再建立总评归一值模型实现多目标优化。

$SWMCL_{max}$、ISR 和 T 的归一化函数分别如式 (2-6)~式 (2-8) 所示。

$$d_1 = \begin{cases} 0 & y_1 \leqslant 234.17 \\ \left(\dfrac{y_1 - 234.17}{732.274 - 234.17}\right)^{0.3} & 234.17 < y_1 < 732.274 \\ 1 & y_1 \geqslant 732.274 \end{cases} \quad (2\text{-}6)$$

式中　y_1——$SWMCL_{max}$，由式 (2-3) 计算而得，μm；

　　　　d_1——y_1 的归一值。

$$d_2 = \begin{cases} 0 & y_2 \leqslant 0.2 \\ \left(\dfrac{y_2 - 0.2}{7.09 - 0.2}\right)^{0.3} & 0.2 < y_2 < 7.09 \\ 1 & y_2 \geqslant 7.09 \end{cases} \quad (2\text{-}7)$$

式中　y_2——ISR，由式 (2-4) 计算而得，mm/s；

　　　　d_2——y_2 的归一值。

$$d_3 = \begin{cases} 1 & y_3 \leqslant 14.4284 \\ \left(\dfrac{y_3 - 221}{14.4284 - 221}\right)^{0.3} & 14.4284 < y_3 < 221 \\ 0 & y_3 \geqslant 221 \end{cases} \quad (2\text{-}8)$$

式中　y_3——T，由式 (2-5) 计算而得，NTU；

　　　　d_3——y_3 的归一值。

$$OD = (d_1 \times d_2 \times d_3)^{1/3} \quad (2\text{-}9)$$

式中　OD——总评归一值，属于 $[0, 1]$。

通过求解 OD 的最大值即可得到多目标下的最优条件。应用 MATLAB 软件进行求解得最优的絮凝条件为：SF = 10.29%，FD = 25g/t，FC = 0.15%，G = 51.60s^{-1}。在此条件下，多目标优化模型预测值为 $SWMCL_{max}$ = 718.461μm、ISR = 5.720mm/s、T = 19.823 NTU，验证实验测量值为 $SWMCL_{max}$ = 681.304μm、ISR = 5.811mm/s、T = 18.9 NTU，相对误差分别为 5.45%、-1.56%、4.89%，因此多目标条件优选方法及所得结果是可信的。

同时，根据多目标优化所得的最优条件和表 2-6 中所示的针对不同目标所得的优选条件均与 2.3 节单因素分析确定各个因素的最优值差异较大，这是因为单因素分析时其他因素固定在某个值恒定不变，忽略了其他因素的影响。因此，在对全尾砂絮凝条件进行研究时，应用多因素多水平实验来综合分析研究各因素对絮凝的综合影响。

2.5 絮凝沉降对浓缩全尾砂料浆屈服应力的影响

深锥浓密机内底部料浆浓度高，从而导致屈服应力高，容易导致耙架扭矩过载而发生压耙，影响正常生产[100]。现有对尾砂料浆屈服应力的研究中通常是根据料浆的固相质量分数和组成，应用干料与水搅拌制备成料浆，进行屈服应力测量，忽略了高浓度料浆形成过程中添加的高分子絮凝剂[101,102]以及絮凝过程对料浆流变特性的影响。

为此，本节首先开展不同条件下的全尾砂絮凝沉降实验获得高浓度全尾砂料浆，再对高浓度全尾砂料浆进行原位屈服应力测试，并通过絮对凝前后料浆总有机碳（TOC）测试来分析全尾砂对絮凝剂的吸附情况，进而分析不同絮凝剂吸附对浓缩全尾砂料浆屈服应力的影响[103,104]。

2.5.1 实验方案

本节仍采用2.2节的人造尾砂和絮凝剂，重点研究不同pH和不同絮凝剂单耗条件下的絮凝剂吸附情况与高浓度尾砂料浆的屈服应力，因此固定初始时尾砂料浆的固相质量分数为25%，固定絮凝剂溶液中絮凝剂的质量分数为0.025%，固定絮凝剂单耗为15g/t时设置pH分别为8、9、10、11，固定pH为11时设置絮凝剂单耗（FD）为0~45g/t。每组实验中尾砂料浆和絮凝剂溶液的总体积为750mL。基本实验过程如图2-25所示：首先进行尾砂絮凝沉降实验，获得高浓度的絮凝尾砂料浆；然后进行TOC测定，确定上清液中TOC含量；最后进行高浓度絮凝尾砂料浆的屈服应力测试。

应用可拆卸的沉降筒进行静态絮凝沉降实验。首先应用干的人造尾砂和水配制尾砂料浆，并 $Ca(OH)_2$ 溶液调节料浆的pH，将尾砂料浆导入沉降筒后根据絮凝剂单耗加入絮凝剂溶液，上下晃动使尾砂与絮凝剂混合后进行沉降，应用高速摄像机实时记录固液分界面高度，1h后取上清液进行浊度测试，14h后记录固液分界面的高度以分别计算上清液和高浓度料浆的体积，然后取上清液进行TOC测定，最后排干上清液后对下部高浓度尾砂料浆进行屈服应力测试。应用可拆卸的沉降筒，既考虑了絮凝对屈服应力的影响，又避免了取样测试对料浆的扰动，从而提高了屈服应力测试的精度。

应用岛津TOC-L总有机碳分析仪进行TOC测定。分别对絮凝前的水、絮凝剂溶液和絮凝后的上清液进行TOC测定，根据碳平衡计算出高浓度尾砂料浆中的TOC含量，进而计算出絮凝剂吸附效率与絮凝剂吸附量，具体计算如式（2-10）、式（2-11）所示。

$$\text{TOC}_{\text{floc}} \times V_{\text{floc}} + \text{TOC}_{\text{slurry}} \times V_{\text{slurry}} = \text{TOC}_{\text{super}} \times V_{\text{super}} + \text{TOC}_{\text{sedi}} \times V_{\text{sedi}}$$

$$(2-10)$$

式中　TOC_{floc}——絮凝沉降前絮凝剂溶液的 TOC 质量浓度，mg/L；

　　　$\text{TOC}_{\text{slurry}}$——絮凝沉降前水的 TOC 质量浓度，mg/L；

　　　$\text{TOC}_{\text{super}}$——絮凝沉降后上清液质量浓度，mg/L；

　　　TOC_{sedi}——絮凝沉降后底部高浓度尾砂料浆质量浓度，mg/L；

　　　　V_{floc}——絮凝剂溶液的体积，L；

　　　V_{slurry}——水的体积，L；

　　　V_{super}——絮凝沉降后上清液的体积，L；

　　　　V_{sedi}——絮凝沉降后底部高浓度尾砂料浆的体积，L。

$$\text{eff}_{\text{floc}} = \frac{\text{TOC}_{\text{sedi}} \times V_{\text{sedi}}}{\text{TOC}_{\text{floc}} \times V_{\text{floc}}} \times 100$$

$$(2-11)$$

式中　eff_{floc}——絮凝剂吸附效率，%。

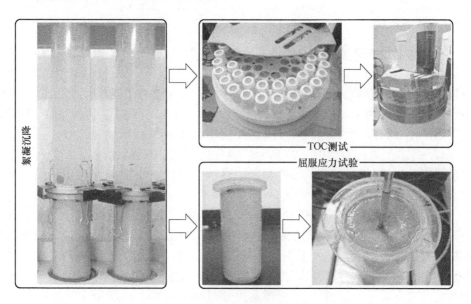

图 2-25　实验过程

$$m_{\text{floc}} = \frac{\text{eff}_{\text{floc}}}{100} \times \frac{\text{FD}}{1000 \times \text{SSA}}$$

$$(2-12)$$

式中　m_{floc}——人造尾砂表面单位面积的絮凝剂吸附量，mg/m²；

　　　SSA——人造尾砂的比表面积，m²/g。

应用 Haake RT V550 流变仪进行屈服应力测试。同时，应用 ZetaCompact

Z9000 电位计对不同 pH 值条件下的 Zeta 电位（ζ）进行测量，但是忽略絮凝剂单耗对 Zeta 电位的影响。

2.5.2 实验材料

本节所用尾砂为智利 Sierra Gorda 铜矿的全尾砂，密度为 2697kg/m³。全尾砂粒度分布如图 2-25 所示，中位粒径 $d_{50}=18.20\mu m$。选用 Rheomax® DR 1050 作为研究用絮凝剂。

2.5.3 絮凝条件对絮凝效果的影响

应用人造尾砂料浆固液界面的初始沉降速率（ISR）、絮凝沉降后上清液的浊度（T）和底部沉积尾砂的固相质量分数（SSF）来综合表征人造尾砂料浆的絮凝沉降效果。不同 pH 值和 FD 条件下的絮凝沉降效果如图 2-26 所示。

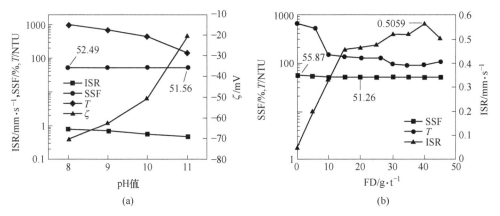

图 2-26　絮凝条件对絮凝沉降的影响
(a) pH 值；(b) 絮凝剂单耗

由图 2-26（a）可知，当 FD = 15g/t 时，在 pH = 8~11 的范围内，ISR、T 和 SSF 随着 pH 值单调递减，其中 ISR 由 0.7635mm/s 降到 0.4565mm/s；T 由 982 NTU 降到 143 NTU，变化最为显著；而 SSF 由 52.49% 降到 51.56%，变化较小。有研究表明 pH 值和金属阳离子对絮凝都有影响[105]，而本节应用 Ca(OH)₂ 溶液调节料浆的 pH，不同 pH 条件下的 OH⁻ 和 Ca²⁺ 共同影响人造尾砂颗粒表面的 Zeta 电位，导致 Zeta 电位随着 pH 值的增加而不断增加，从-70.65mV 增加到-20.97mV，从而影响絮凝效果。根据《污水综合排放标准》（GB 8978—96）要求，采矿、选矿工业悬浮物的二级标准为质量含量不超过 300mg/L，因此实验范围内的最优 pH 值为 11。

由图 2-26（b）可知，当 pH = 11 时，在 FD = 0~45g/t 的范围内，ISR 随着 FD 的增加而先增大后减小，在 FD = 40g/t 时达到最大值 0.5059mm/s；而 T 随着

FD 的增加而先减小后增大，在 FD=40g/t 时达到最小值 112NTU。同时，根据 FD
=0~15g/t 范围 ISR 和 T 的明显变化说明絮凝剂的絮凝作用较好，但是絮凝作用
却不利于静态沉降时 SSF 的提高，SSF 随着 FD 的增加而不断减小直至在 FD=
20g/t 达到稳定值 51.26%。这是因为，在高分子絮凝剂作用下，人造尾砂颗粒形
成絮团，导致絮团内部的包裹水不易排出而使得固相质量分数降低，也说明了仅
依靠静态絮凝沉降较难获得较高浓度的尾砂料浆，可通过引入耙架的剪切作用与
导水杆的导水作用来进一步提高絮凝尾砂料浆的浓度[9]。

2.5.4　絮凝条件对絮凝剂吸附效率的影响

　　高分子絮凝剂与尾砂颗粒的絮凝作用属于桥接絮凝[106]，絮凝剂分子在尾砂
颗粒表面的有效吸附是絮凝的前提。根据絮凝前后 TOC 的变化来分析絮凝剂吸
附情况，不同 pH 值和 FD 条件下的絮凝剂吸附情况如图 2-27 所示。由图 2-27 可
知，不同条件下 TOC_{super} 远小于 TOC_{floc}，说明絮凝剂被大量吸附，但是 TOC_{super}
略高于 TOC_{slurry}，说明仍有少量絮凝剂未被人造尾砂颗粒吸附。

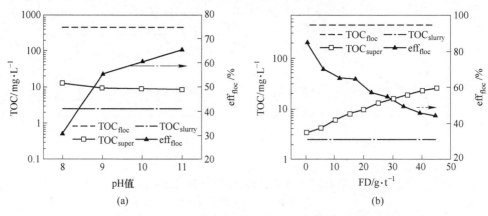

(a)　　　　　　　　　　　　　　　　(b)

图 2-27　絮凝条件对絮凝剂吸附效率的影响
(a) pH 值；(b) 絮凝剂单耗

　　由图 2-27 (a) 可知，在 FD 和初始尾砂料浆的固相质量分数不变的条件下，
在 pH=8~11 的范围内，eff_{floc} 随着 pH 值的增大而不断增大，说明在增大 pH 值
有助于絮凝剂的吸附，这是因为本节中在 pH 值增大时 Zeta 电位和 Ca^{2+} 浓度均不
断增大，从而促进高分子絮凝剂在人造尾砂颗粒表面的吸附。

　　由图 2-27 (b) 可知，当 pH=11 时，在 FD=0~45g/t 的范围内，TOC_{super} 随着
FD 的增大而不断增大，eff_{floc} 随着 FD 的增大而不断减小，说明随着 FD 的增大未被
吸附的絮凝剂也不断增多。因为在混合速率与混合时间一定的条件下，人造尾砂颗
粒能够吸附的絮凝剂有限，从而导致在有限时间内不能被吸附的絮凝剂增多。

2.5.5 絮凝沉降对屈服应力的影响

在不同 pH 值和 FD 条件下,通过絮凝沉降实验得到浓缩(未添加水泥等胶结剂)超细尾砂料浆。通过流变仪测试浓缩超细尾砂料浆的屈服应力,并根据图 2-27 中的絮凝剂吸附效率和絮凝剂添加量计算出人造尾砂表面单位面积的絮凝剂吸附量,所得结果如图 2-28 所示。

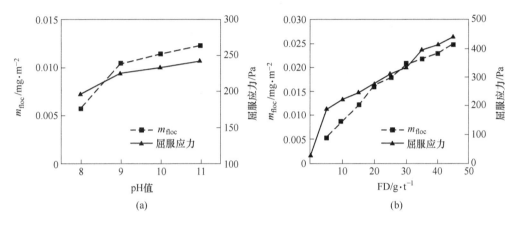

图 2-28 絮凝条件对屈服应力的影响

(a) pH 值;(b) 絮凝剂单耗

屈服应力随着 pH 值和 FD 的变化趋势与 m_{floc} 随着 pH 值和 FD 的变化趋势相似。由图 2-28(a)可知,当 FD = 15g/t 时,在 pH = 8 ~ 11 的范围内,屈服应力和 m_{floc} 随着 pH 值的增大而不断增大。由图 2-28(b)可知,当 pH = 11 时,在 FD = 0 ~ 45g/t 的范围内,屈服应力和 m_{floc} 随着 FD 的增大也不断增大,并且经过絮凝(FD>0)的浓缩超细尾砂料浆的屈服应力明显大于非絮凝(FD = 0)的浓缩超细尾砂料浆的屈服应力,说明絮凝作用对屈服应力有较大的影响。

料浆的屈服应力与料浆内固体颗粒间的相互吸引力有关,吸引力越大,屈服应力越大[107]。不同于经典的 DLVO 理论,高分子絮凝剂絮凝后的尾砂料浆里尾砂颗粒之间的相互作用力不仅包括范德瓦力和双电子层作用力,更重要的是因为尾砂颗粒表面吸附的絮凝剂而产生的桥接作用力,桥接作用力主要与絮凝剂性质、料浆中离子浓度、颗粒大小等因素有关[108,109]。由图 2-28(a)可知,因为 Zeta 电位和 Ca^{2+} 的影响导致人造尾砂颗粒表面吸附的絮凝剂量增加,从而增大了桥接作用力。同时从图 2-28(b)可知,虽然图 2-27(b)中絮凝剂吸附效率随着 FD 的增加而降低,但是因为絮凝剂单耗不断增大,所以人造尾砂颗粒表面吸附的絮凝剂量随着 FD 的增大也不断增加,进而增大了桥接作用力。桥接作用力的增大，导致絮凝沉降形成的浓缩超细尾砂料浆内的絮网结构强度更大，从而需要更大的剪切力来破坏絮网结构，也就导致屈服应力增大。

为了进一步分析屈服应力与 m_{floc} 的关系，根据图 2-29 中屈服应力与 m_{floc} 的关系，可初步建立适用于本节人造尾砂的基于 m_{floc} 的屈服应力模型，如式（2-13）所示。

$$y = 12497x + 103.19, \quad R^2 = 0.9465 \tag{2-13}$$

式中　y——屈服应力，Pa；

　　　x——尾砂颗粒表面单位面积上絮凝剂的吸附量，mg/m²；

　　　R^2——可决系数。

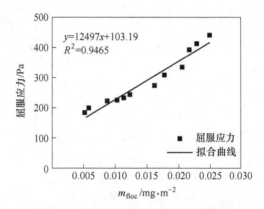

图 2-29　絮凝剂吸附对屈服应力的影响

由式（2-13）可知，屈服应力与 m_{floc} 近似呈线性关系，因此在实际中需要通过控制 m_{floc} 来降低料浆屈服应力，保证料浆的流动性，从而预防深锥浓密机内的压耙。但是，从图 2-28 可知，m_{floc} 主要受 FD 的影响，因此需要综合考虑絮凝效果（ISR、T 和 SSF）与屈服应力来综合确定 FD 的最优范围，最终确定本节 FD 的范围为 15g/t。在 pH = 11、FD = 15g/t 时，ISR = 0.4565mm/s，T = 143NTU，SSF = 51.56%，屈服应力为 243.18Pa。此时屈服应力仍然较大，因为本节的絮凝沉降时间是 14h，时间相对较长，并且本节尾砂超细，因此深锥浓密机在长时间进料而不排料充填时，可采用底流循环活化等方式来降低屈服应力。

2.6　本 章 小 结

本章引入剪切速率这一重要影响因素，研究了全尾砂固体质量分数（SF）、絮凝剂单耗（FD）、絮凝剂溶液浓度（FC）和剪切速率（G）等因素对全尾砂絮凝行为的影响。应用 FBRM 测量不同絮凝因素影响下的全尾砂絮团尺寸，以絮凝过程中絮团平均加权弦长峰值（SWMCL$_{max}$）、絮凝的全尾砂料浆的初始沉降速率（ISR）与上清液浊度（T）为评价指标分析全尾砂絮凝行为。借助响应面试验设计（RSM）中的 BBD 方法与总评归一值模型获得了全尾砂絮凝的最佳条件。取得的主要结论如下：

（1）基于超级絮凝理论，应用超级絮凝测试仪，通过测试不同 pH 值、剪切速率、絮凝剂单耗以及固体体积分数条件下的相对絮凝率，发现不同 pH 值条件下，尾砂颗粒表面 Zeta 电位不同，导致絮凝效果不同；料浆的剪切速率、絮凝剂单耗对相对絮凝率的影响均表现为先增加后减少的趋势；综合固体体积分数对相对絮凝率的影响及其达到最优值所需要的剪切速率，可确定最优固体体积分数。

（2）基于絮团弦长的全尾砂絮凝行为表征，通过单因素实验分析了影响全尾砂絮凝的因素。六种絮凝剂中 Magnafloc 5250 的絮凝效果最好，在一定的范围内，单因素实验发现絮团尺寸随着 SF、FD、G 的增加分别先增大后减小，而随着 FC 的变化不明显。

（3）应用 RSM 中的 BBD 设计，分别分析了 SF、FD、FC 和 G 对 $SWMCL_{max}$、ISR 和 T 的影响，建立了各个评价指标的回归预测模型，通过因素之间的交互作用分析发现 SF、FD、FC 和 G 两两之间的交互作用在一定范围内均比较强。

（4）全尾砂的絮凝过程是颗粒（絮团）不断聚并与絮团破碎的平衡过程，不同因素影响下，全尾砂均快速絮凝形成絮团，并且絮团尺寸增长达到峰值后随着絮凝反应时间逐渐下降至一个稳定状态。在流场剪切作用初始阶段，以聚并过程为主，絮团的尺寸表现为增长；达到峰值后，随着剪切作用的继续进行，以破碎现象为主，大而疏松絮团会被剪切破碎成为较小的絮团；当絮团的聚并与破碎达到平衡时，絮团的尺寸达到一个稳定状态。

（5）基于 $SWMCL_{max}$、ISR 和 T 的回归预测模型，以获得 $SWMCL_{max}$ 最大值为单一目标的最优条件为：SF = 14.18%、FD = 25g/t、FC = 0.5‰ 和 G = 112.09s^{-1}；以获得 ISR 最大值为单一目标的最优条件为：SF = 15.85%、FD = 5g/t、FC = 15‰ 和 G = 412.90s^{-1}；以获得 T 最小值为单一目标的最优条件为：SF = 14.46%、FD = 25g/t、FC = 0.5‰ 和 G = 111.13s^{-1}。并且，各个最优条件下获得 $SWMCL_{max}$、ISR 和 T 的实验测试值和模型预测值相近，说明回归预测模型较好地反映了全尾砂絮凝行为。

（6）应用总评归一值模型，以获得 $SWMCL_{max}$ 最大值、ISR 最大值和 T 最小值为多目标的最优条件为：SF = 10.29%，FD = 25g/t，FC = 0.15%，G = 51.60s^{-1}。对应的各评价指标为 $SWMCL_{max}$ = 718.461μm，ISR = 5.720mm/s，T = 19.823 NTU。

（7）絮凝沉降对浓缩超细尾砂料浆的屈服应力有显著影响。不同絮凝条件下，pH 值和 FD 通过影响尾砂颗粒表面的絮凝剂吸附量影响浓缩超细尾砂料浆的屈服应力，絮凝剂吸附量越大，屈服应力越大。

3 全尾砂絮凝行为的动力学模型构建

为了定量描述全尾砂絮凝过程，本章以 2.3 节和 2.4 节获得不同絮凝条件下的全尾砂絮团尺寸演化规律为基础，建立了全尾砂絮凝动力学模型（total tailings population balance model，T^2PBM）。该模型以 PBM 为基本框架，模型的核心为描述全尾砂絮团（或颗粒）聚并、絮团破碎的数学模型，模型的作用在于通过模拟絮凝过程中絮团粒径分布的变化来描述全尾砂絮凝过程。在现有以 PBM 为框架的絮凝动力学研究中，主要聚焦于化工领域或水处理絮凝方面[110~112]，但是尚未有关于全尾砂絮凝动力学模型的公开报道。为此，本章以 PBM 为基础，针对全尾砂絮凝过程建立全尾砂絮团（或颗粒）聚并、絮团破碎的数学模型，特别是建立碰撞效率和破碎频率模型。T^2PBM 是常微分方程组（ordinary differential equation，ODE），因此应用 MATLAB 的 ode15s 对 T^2PBM 进行求解，再应用粒子群算法（particle swarm optimization，PSO）和第 2 章 FBRM 测得的絮团粒径分布数据对碰撞效率和破碎频率中的待定参数进行优化求解，最终建立 T^2PBM[113]。

3.1 全尾砂絮凝动力学模型的建立

Magnafloc 5250 属于阴离子型聚丙烯酰胺高分子絮凝剂，其絮凝作用机理为架桥絮凝。为了让絮凝剂分子与尾砂颗粒充分混合絮凝，通常在流场中施加剪切作用，称该絮凝过程为剪切诱导架桥絮凝，其示意如图 3-1 所示。当 Magnafloc 5250 絮凝剂加入到全尾砂料浆后，在流场剪切作用下，颗粒与絮凝剂分子不断混合、碰撞、吸附，如图 3-1（a）所示；吸附有絮凝剂分子的颗粒再碰撞并聚合形成疏松絮团，如图 3-1（b）所示，这个过程涉及碰撞频率与碰撞效率；在剪切作用的持续作用下，絮团破碎或变得更加密实，如图 3-1（c）所示，这个过程涉及破碎频率与破碎后子絮团的体积分布。

最早的絮凝动力学模型是由 Smoluchowski 于 1916 年提出的动力学模型[114]，但是 Smoluchowski 模型是建立在较多的理想化假设的基础上：（1）所有碰撞都是有效的，即碰撞效率为 1；（2）初始时所有颗粒的大小相同，并且颗粒和絮团都是球形；（3）颗粒之间的碰撞是因为流体的层流剪切作用；（4）不考虑絮团的破碎作用。

此后，以 Smoluchowski 模型为基础，许多学者对 PBM 进行了不断的改进，

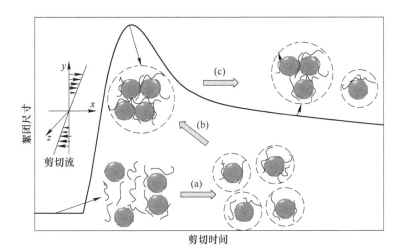

图 3-1 剪切诱导架桥絮凝示意图

以使得 PBM 可以更加精确地描述相应领域内絮凝过程中的絮团聚并与破碎过程，虽然不同领域的 PBM 的框架相同，但是 PBM 仍具有领域的特殊性，具体涉及聚并模型与破碎模型上却存在差异。

目前，最常见的 PBM 框架[115]如式（3-1）所示，动力学示意如图 3-2 所示[116]，其中体积为 v 的絮团称为絮团 (v)。

$$
\begin{aligned}
\frac{\partial n(v,\ t)}{\partial t} = {} & \frac{1}{2}\int_0^v Q(v-v',\ v')n(v-v',\ t)n(v',\ t)\mathrm{d}v' - \\
& \int_0^\infty Q(v,\ v')n(v,\ t)n(v',\ t)\mathrm{d}v' + \\
& \int_v^\infty \Gamma(v\mid w)S(w)n(w,\ t)\mathrm{d}w - S(v)n(v,\ t)
\end{aligned}
\tag{3-1}
$$

式中　$n(v,\ t)$——t 时刻体积为 v 的絮团数量；

　　　$Q(v,\ v')$——絮团 (v) 和絮团 (v') 的聚并核，由絮团间的碰撞效率和碰撞频率构成，具体后续介绍；

　　　$\Gamma(v\mid w)$——絮团 (w) 破碎后生成絮团 (v) 的概率分布函数；

　　　$S(v)$——絮团 (v) 的破碎核，即絮团 (v) 的破碎频率。

式（3-1）中右边第一、二项表示絮团的聚并过程，第一项表示两个小絮团 $(v-v')$ 和絮团 (v') 碰撞聚并生成絮团 (v)，第二项表示絮团 (v) 和小絮团 (v') 碰撞聚并导致絮团 (v) 消失；第三、四项表示絮团的破碎过程，第三项表示大絮团 (w) 破碎生成絮团 (v)，第四项表示絮团 (v) 破碎生成小絮团导致絮团 (v) 消失。

式（3-1）所示的 PBM 是双曲型的积分-偏微分方程，包含了数以百万或千万计的不同尺寸的颗粒或絮团，并赋予每个颗粒或絮团单独的计算方程，因此其求解计算量非常大。PBM 的数值求解方法有四类：离散法、矩方法、加权残量法、Monte Carlo 随机方法[117]。目前在化工领域应用最广泛的是离散法和矩方法。

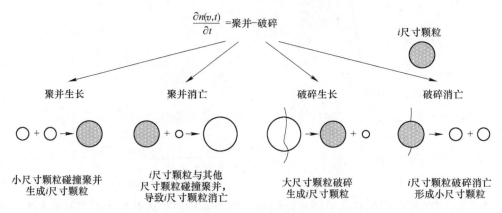

图 3-2 PBM 的聚合与破碎动力学示意图

为提高数值求解效率、保证结果的准确性、定量描述全尾砂絮凝过程，本书采用离散法来求解 PBM，将 PBM 转化为一系列离散方程。采用由 Hounslow 等[118]提出、并由 Spicer 和 Pratsinis[119]共同修正的定点离散法 (fixed pivot 离散法) 对粒径区间进行划分，取 $v_{i+1}/v_i = 2$，即第 $i+1$ 区间的颗粒或絮团的体积是第 i 区间的两倍，所得的离散化群体平衡方程 (discretized population balance model，DPBM) 如式 (3-2) 所示。

$$\frac{\mathrm{d}N_i}{\mathrm{d}t} = \sum_{j=1}^{i-2} 2^{j-i+1}\alpha_{i-1,j}\beta_{i-1,j}N_{i-1}N_j + \frac{1}{2}\alpha_{i-1,i-1}\beta_{i-1,i-1}N_{i-1}^2 -$$

$$N_i\sum_{j=1}^{i-1} 2^{j-i}\alpha_{i,j}\beta_{i,j}N_j - N_i\sum_{j=i}^{\max}\alpha_{i,j}\beta_{i,j}N_j + \sum_{j=i}^{\max}\Gamma_{i,j}S_jN_j - S_iN_i \tag{3-2}$$

式中　N_i——t 时刻体积为 v_i 的颗粒或絮团数量，$N_i = \int_{v_i}^{v_{i+1}} n(v,\ t)\mathrm{d}v$；

　　$\alpha_{i-1,j}$——絮团 (v_{i-1}) 和絮团 (v_j) 的碰撞效率；

　　$\beta_{i-1,j}$——絮团 (v_{i-1}) 和絮团 (v_j) 的碰撞频率；

　　max——絮团粒径分布的区间总数；

　　$\Gamma_{i,j}$——絮团 (v_j) 破碎后生成絮团 (v_i) 的概率分布函数；

　　S_i——絮团 (v_i) 的破碎核，即絮团 (v_i) 的破碎频率。

因此，根据全尾砂絮凝机理，通过建立 $\alpha_{i-1,j}$、$\beta_{i-1,j}$、$\Gamma_{i,j}$ 和 S_i 模型，以 DPBM 为基础，可建立出适用于描述本书全尾砂絮凝的 T^2PBM。

3.2　全尾砂絮团的聚并与破碎机理分析

T²PBM 中 PBM 为基本框架，其核心是聚并核（aggregation kernel）和破碎核（breakage kernel），即全尾砂絮团的聚并模型和破碎模型。

3.2.1　全尾砂絮团的聚并机理分析

全尾砂颗粒或全尾砂絮团聚并需要两个前提：一是两个颗粒或絮团运动后发生相互碰撞，用碰撞频率表示；二是两个颗粒或絮团碰撞后发生附着而连接在一起，用碰撞效率表示。因此，全尾砂絮团的聚并模型由碰撞频率和碰撞效率构成。

根据 Grant 等[41]的研究，直径不同的颗粒其絮凝机理不同：对于直径小于 1μm 的颗粒，异向絮凝占据主导作用；对于直径在 1~40μm 的颗粒，同向絮凝占据主导作用；而对于直径大于 40μm 的颗粒，差速沉降絮凝占据主导作用。根据 2.3 节可知，全尾砂颗粒的直径的范围是 0.282~447.744μm，−1μm 含量占比为 4.14%，1~40μm 含量占比为 70.11%，+40μm 含量占比为 25.75%。因此，本书全尾砂粒径分布广，高分子絮凝剂作用下尾砂絮凝是异向絮凝、同向絮凝和差速沉降絮凝的共同作用。异向絮凝、同向絮凝和差速沉降絮凝引起的碰撞频率分别用 β_{Br}、β_{Sh} 和 β_{DS} 表示。采用加和碰撞频率的形式表示全尾砂絮凝过程中的碰撞频率，如式（3-3）所示。

$$\beta_{i,j} = \beta_{Br} + \beta_{Sh} + \beta_{DS} \tag{3-3}$$

式中　$\beta_{i,j}$——絮团（v_i）和絮团（v_j）的总碰撞频率；

　　　β_{Br}——异向絮凝（布朗运动，Brownian motions）引起的碰撞频率；

　　　β_{Sh}——同向絮凝（剪切运动，shear flow）引起的碰撞频率；

　　　β_{DS}——差速沉降絮凝（differential sedimentation）引起的碰撞频率。

在传统的模型中，絮团被认为是球形固体，这与实际情况严重不符。絮团常常是多孔和不规则的。因此，用 Kusters 等[120]建立的旋转半径模型来表示絮团的尺寸，如式（3-4）所示。

$$r_{gi} = r_0(n_i)^{1/d_{fi}} \tag{3-4}$$

式中　r_{gi}——絮团（v_i）的旋转半径，μm；

　　　r_0——最小全尾砂颗粒的半径，在本书中为 0.141μm；

　　　n_i——絮团（v_i）所包含的尾砂颗粒数；

　　　d_{fi}——絮团（v_i）的分形维数。

有研究表明絮团的分形维数在 1.8 与 2.5 之间[27,121]，本书设定全尾砂絮团的分形维数为 2.5。

因为絮团的多孔性和不规则性，碰撞频率模型需要考虑絮团的渗透率和分形维数，β_{Br}、β_{Sh} 和 β_{DS} 分别如式 (3-5) ~ 式 (3-7) 所示[122]。

$$\beta_{Br} = \frac{2kT}{3\mu_{sus}} \left(\frac{1}{\Omega_i r_{gi}} + \frac{1}{\Omega_j r_{gj}} \right) (r_{gi} + r_{gj}) \tag{3-5}$$

$$\beta_{Sh} = \frac{1}{6} \left(\sqrt{\eta_i} r_{gi} + \sqrt{\eta_j} r_{gj} \right)^3 G \tag{3-6}$$

$$\beta_{DS} = \pi \left(\sqrt{\eta_i} r_{gi} + \sqrt{\eta_j} r_{gj} \right)^2 \cdot | u_i - u_j | \tag{3-7}$$

式中　k——玻耳兹曼常数，$k = 1.380649 \times 10^{-23}$ J/K；

　　　T——开尔文温度，K；

　　　μ_{sus}——全尾砂料浆动力黏度，Pa·s；

　　　Ω_i——流体施加在絮团（v_i）上的力与施加在等体积非渗透球体上的力之比；

　　　η_i——流体对絮团（v_i）的收集效率；

　　　G——流体平均剪切速率，s^{-1}；

　　　u_i——絮团（v_i）的沉降速率，m/s。

全尾砂料浆动力黏度 μ_{sus} 与絮团的体积分数、全尾砂自然沉降的极限浓度和水的黏度有关，具体关系如式 (3-8) 所示。

$$\mu_{sus} = \mu_0 \left(1 - \varphi_{eff}/\varphi_{max} \right)^{-2} \tag{3-8}$$

式中　μ_0——水在温度为20℃时的黏度，Pa·s；

　　　φ_{eff}——絮团的体积分数；

　　　φ_{max}——全尾砂自然沉降时极限浓度对应的固体体积分数，根据全尾砂密实孔隙率为 45.17% 可知，极限浓度对应的固体体积分数为 1-45.17%，即 54.83%。

根据 Health 等[29]的研究，全尾砂絮团的体积分数如式 (3-9) 所示。

$$\varphi_{eff} = \varphi \left(\overline{d_{floc}} / \overline{d_0} \right)^{3-d_f} \tag{3-9}$$

式中　φ——絮凝前全尾砂料浆中固体体积分数；

　　　$\overline{d_{floc}}$——絮凝后全尾砂絮团的平均直径，μm；

　　　$\overline{d_0}$——絮凝前全尾砂颗粒的平均直径，μm。

流体施加在絮团（v_i）上的力与施加在等体积非渗透球体上的力之比 Ω_i 与絮团的渗透性相关[123]，可由式 (3-10) 求得。

$$\Omega = \frac{2\xi^2 [1 - (\tanh\xi)/\xi]}{2\xi^2 + 3 [1 - (\tanh\xi)/\xi]} \tag{3-10}$$

式中　ξ——无量纲渗透系数，可由絮团（v_i）的旋转半径和渗透系数求得，如式 (3-11) 所示。

$$\xi = r_{gi} / \sqrt{K} \tag{3-11}$$

式中　K——渗透系数，m/s。

根据 Brinkman 模型，可求出絮团（v_i）的渗透系数 K，如式（3-12）所示。

$$K = r_0^2(3 + 3/(1 - \varphi) - \sqrt[3]{8/(1 - \varphi) - 3})/18 \tag{3-12}$$

式中　φ——絮团（v_i）的孔隙率，可根据絮团的旋转半径和分形维数求出，如式（3-13）所示。

$$\varphi = 1 - (r_{gi}/r_0)^{d_f - 3} \tag{3-13}$$

根据 Camp 和 Stein 的研究[124]，式（3-6）和式（3-7）中流体对絮团（v_i）的收集效率可由式（3-14）求出。

$$\eta = 1 - \frac{d}{\xi} - \frac{c}{\xi^3} \tag{3-14}$$

式中，$d = \dfrac{3\xi^3[1 - (\tanh\xi)/\xi]}{2\xi^2 + 3(1 - \tanh\xi/\xi)}$，$c = -\dfrac{\xi^5 + 6\xi^3 - (3\xi^5 + 6\xi^3)(\tanh\xi)/\xi}{2\xi^2 + 3(1 - \tanh\xi/\xi)}$。

根据 Stokes 定律，絮团（v_i）的沉降速率如式（3-15）所示。

$$u_i = \frac{2(\rho_s - \rho_w)g\varphi r_{gi}^2}{9\mu_{sus}\Omega_i} \tag{3-15}$$

式中　ρ_s——全尾砂颗粒的密度，kg/m³；

　　　ρ_w——水的密度，kg/m³；

　　　g——重力加速度，m²/s。

综上所述，根据不同絮凝条件下的实验参数，由式（3-4）、式（3-5）、式（3-6）和式（3-7）可求出碰撞频率。

对于碰撞效率，Smoluchowski 模型中假设为 1，即两个颗粒或絮团只要碰撞，就一定能附着连接生成新的絮团。在实际中，因为流体的流动阻力、颗粒或絮团之间的相互作用力或排斥力，导致碰撞效率为 1 的概率很小甚至为 0。为此，本书中采用 Kusters 等[120]提出的半经验方程作为待定碰撞效率模型，如式（3-16）所示。

$$\alpha_{ij} = f_1 \left[\frac{\exp\left(-f_2\left(1 - \dfrac{i}{j}\right)^2\right)}{(i \cdot j)f_3} \right] \tag{3-16}$$

式中　f_1——待定系数，为 α_{ij} 的最大值，在 0~1 之间；

　　　f_2——待定系数，在 0~1 之间；

　　　f_3——待定系数，在 0~1 之间。

在国内外相关学者的研究中，通常假定 f_1 是 1[125]，而 f_2 和 f_3 则假定为 0.1[126,127]。为了分析待定系数对聚并效率的影响，假定絮团按照体积大小分为 30 个子区间，假定 f_1 为 1，假定 f_2 和 f_3 相等，分别为 0.1、0.5、0.9 时的聚并效率的估计值如图 3-3 所示。

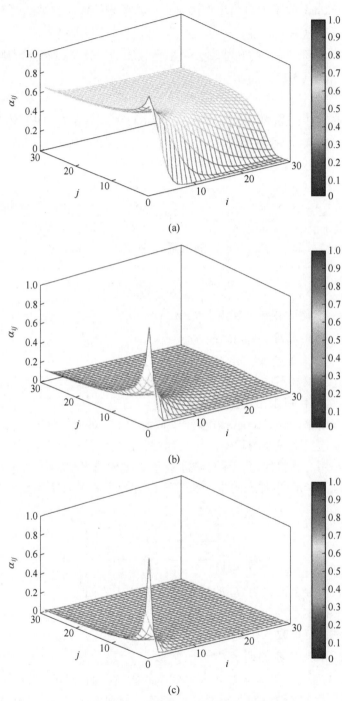

图 3-3 不同待定系数条件下的碰撞效率估计值

(a) $f_1 = 1$, $f_2 = f_3 = 0.1$; (b) $f_1 = 1$, $f_2 = f_3 = 0.5$; (c) $f_1 = 1$, $f_2 = f_3 = 0.9$

由图3-3可知，当f_1为1，f_2和f_3相等时，碰撞效率随着i和j的变化趋势相似；当i和j均较小时，碰撞效率较大，$i = j$时，$\alpha_{ij} = f_1 = 1$；当i和j均较大时，碰撞效率较小。同时，随着f_2和f_3的不断增大，碰撞效率显著减小。并且，由式（3-16）可知，当f_2和f_3固定时，碰撞效率与f_1呈线性关系。

因此，待定系数f_1、f_2和f_3对碰撞效率的影响作用显著，本书只有求出f_1、f_2和f_3这三个待定系数，才能建立适用于描述全尾砂絮凝的碰撞效率模型，进而建立全尾砂絮凝的聚并模型。

3.2.2 全尾砂絮团的破碎机理分析

因为全尾砂絮团的不规则性，在流体中运动时容易发生破碎。絮团的破碎机理主要包括破裂和侵蚀，破裂是指絮团在外力的作用下破裂为两个或更多的子絮团，而侵蚀是指絮团表面在侵蚀作用下脱落一部分附着不牢的微小颗粒。目前，普遍认为絮团的破碎与絮团的尺寸相关，絮团破碎机理主要由科莫微尺度（Kolmogorov microscale）决定，当絮团尺寸小于科莫微尺度时，絮团的破碎机理主要为黏滞压力引起的絮团表面侵蚀脱落；当絮团尺寸大于科莫微尺度时，絮团的破碎机理主要为流体的动态压力导致絮团的变形与破碎[128]。科莫微尺度计算公式如式（3-17）所示。

$$\lambda = \left(\frac{\mu_{sus}^3}{\varepsilon} \right)^{1/4} \tag{3-17}$$

式中　λ——科莫微尺度，μm；

　　　ε——能量耗散率，$Nm/(s \cdot kg)$。

对于本书的混凝试验杯中，能量耗散率可以由式（3-18）计算[124]。

$$\varepsilon = \frac{G^2 \mu_{sus}}{\rho_{sus}} \tag{3-18}$$

式中　ρ_{sus}——全尾砂料浆的密度，kg/m^3。

由式（3-17）、式（3-18）可得科莫微尺度计算公式如式（3-19）所示[124]。

$$\lambda = \rho_{sus}^{1/4} \sqrt{\mu_{sus}/G} \tag{3-19}$$

由式（3-8）可知，μ_{sus}随着絮凝过程的进行而不断变化，为了初步估计本书中的科莫微尺度，本书采用絮凝前的全尾砂料浆中固体体积分数来计算μ_{sus}。因此，第2章中29组BBD实验的科莫微尺度如表3-1所示。

由表3-1可知，本书中的科莫微尺度在$9.15 \sim 32.20 \mu m$之间，远小于全尾砂絮团尺寸为絮团平均加权弦长（SWMCL）。因此，对于全尾砂絮团，破碎机理主

表 3-1　不同絮凝条件下的科莫微尺度

编号	料浆密度 ρ_{sus} /kg·m^{-3}	料浆动力黏度 μ_{sus} /Pa·s	剪切速率 G /s^{-1}	科莫微尺度 λ /μm
T1	1106. 37	$1.27×10^{-3}$	51. 6	28. 56
T2	1190. 81	$1.55×10^{-3}$	232. 25	15. 18
T3	1033. 11	$1.08×10^{-3}$	232. 25	12. 21
T4	1106. 37	$1.27×10^{-3}$	412. 9	10. 09
T5	1106. 37	$1.27×10^{-3}$	232. 25	13. 46
T6	1106. 37	$1.27×10^{-3}$	232. 25	13. 46
T7	1106. 37	$1.27×10^{-3}$	232. 25	13. 46
T8	1106. 37	$1.27×10^{-3}$	51. 6	28. 56
T9	1190. 81	$1.55×10^{-3}$	232. 25	15. 18
T10	1106. 37	$1.27×10^{-3}$	232. 25	13. 46
T11	1190. 81	$1.55×10^{-3}$	51. 6	32. 20
T12	1106. 37	$1.27×10^{-3}$	51. 6	28. 56
T13	1033. 11	$1.08×10^{-3}$	232. 25	12. 21
T14	1106. 37	$1.27×10^{-3}$	412. 9	10. 09
T15	1106. 37	$1.27×10^{-3}$	232. 25	13. 46
T16	1106. 37	$1.27×10^{-3}$	232. 25	13. 46
T17	1033. 11	$1.08×10^{-3}$	51. 6	25. 90
T18	1190. 81	$1.55×10^{-3}$	232. 25	15. 18
T19	1106. 37	$1.27×10^{-3}$	232. 25	13. 46
T20	1106. 37	$1.27×10^{-3}$	51. 6	28. 56
T21	1190. 81	$1.55×10^{-3}$	232. 25	15. 18
T22	1106. 37	$1.27×10^{-3}$	412. 9	10. 09
T23	1033. 11	$1.08×10^{-3}$	232. 25	12. 21
T24	1106. 37	$1.27×10^{-3}$	412. 9	10. 09
T25	1190. 81	$1.55×10^{-3}$	412. 9	11. 38
T26	1033. 11	$1.08×10^{-3}$	412. 9	9. 15
T27	1106. 37	$1.27×10^{-3}$	232. 25	13. 46
T28	1033. 11	$1.08×10^{-3}$	232. 25	12. 21
T29	1106. 37	$1.27×10^{-3}$	232. 25	13. 46

要是由于在外力作用下的破裂。因此，全尾砂絮团的破裂主要与絮团的尺寸和外力的大小有关。许多学者因此提出了关于 G 和 r_{gi} 或 d_i 的幂率经验模型，目前较为常用的是 Pandya 和 Spielman 提出的两个模型[129,130]，分别如式（3-20）和式（3-21）所示。

$$S_i = s_1 G^{s_2} d_i \tag{3-20}$$

$$S_i = p_1 G r_{gi}^{p_2} \tag{3-21}$$

式中 s_1，s_2——待定系数；

$\quad\quad d_i$——絮团（v_i）的直径，μm；

$\quad p_1$，p_2——待定系数。

受式（3-20）和式（3-21）的启发，为了更准确地考虑 G 和 r_{gi} 对絮团破碎的影响，更加准确地描述全尾砂絮团的破碎过程，提出如式（3-22）所示的双幂率破碎频率模型。

$$S_i = f_4 G^{f_5} r_{gi}^{f_6} \tag{3-22}$$

式中 f_4，f_5，f_6——待定系数。

对于全尾砂絮团破碎，除了考虑破碎频率，还需要考虑絮团破碎后形成不同尺寸的小絮团的数量分布，即絮团（v_i）破碎后生成絮团（v_j）的概率分布函数（probability density function，PDF）$\Gamma_{i,j}$。目前，通常假设絮团破碎后有三种分布情况：二元分布、三元分布和正态分布。因为二元分布最简单、不包含待定系数且也基本能准确描述破碎分布[131]，本书采用二元分布函数对絮团破碎后的概率分布函数采用二元分布，其中二元分布函数如式（3-23）所示。

$$\Gamma_{i,j} = \begin{cases} V_j/V_i & j = i+1 \\ 0 & j \neq i+1 \end{cases} \tag{3-23}$$

3.3　全尾砂絮凝动力学模型的求解

根据式（3-2），由式（3-3）、式（3-16）、式（3-22）、式（3-23）即可建立全尾砂絮凝动力学模型 T^2PBM。

由式（3-2）可知，T^2PBM 是只包含一个变量（时间 t）的微分方程，因此是一个一阶线性常微分方程。根据定点离散法，对于式（3-2），为了覆盖所有絮团尺寸，根据 FBRM 测得的絮团的尺寸，可以分为若干个组。由图 2-15 可知，全尾砂絮团的弦长在 1000μm 以内，1000μm 对应的最大絮团体积为 5.23×10^{-10} m^3。全尾砂最小粒径为 0.282μm，对应的体积为 1.17×10^{-20} m^3。全尾砂最大絮团体积约为全尾砂最小颗粒体积的 $2^{36.37-1}$ 倍。因此，将全尾砂絮团按体积大小划分为 37 个子区间，即式（3-2）分为 37 个组（max 为 37）。

根据 $v_{i+1}/v_i = 2$ 的定点离散法，把初始时全尾砂的粒径分布也分为 37 个组，不同质量分数条件下全尾砂颗粒不同子区间的颗粒数分布如图 3-4 所示。

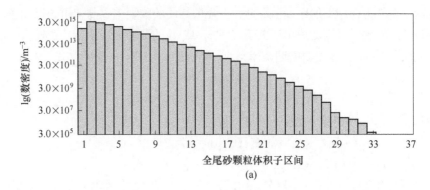

(a)

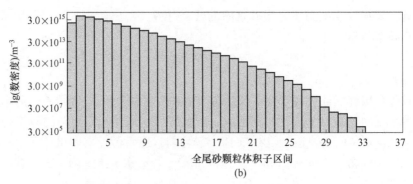

(b)

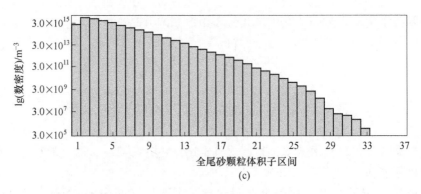

(c)

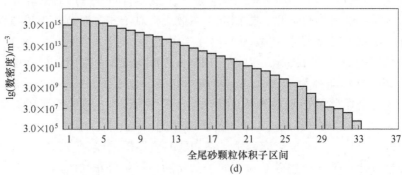

(d)

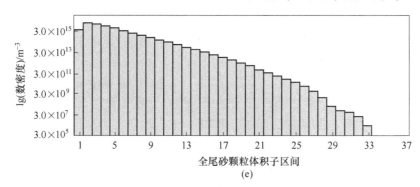

图 3-4　不同质量分数条件下全尾砂颗粒不同子区间的颗粒数分布

(a) 质量分数 5%；(b) 质量分数 10%；(c) 质量分数 15%；

(d) 质量分数 20%；(e) 质量分数 25%

因此，求解式（3-2）需要求解 37 个方程，每个方程都包含数以亿个的全尾砂颗粒，计算量非常巨大，很难直接求解。为此，借助工作站对式（3-2）进行求解。通过 MATLAB 数学软件对 T^2PBM 进行建模，再根据全尾砂絮凝的不同条件输入相应参数，即可实现高效准确的计算。

因知道初始时全尾砂的 PSD，所以 T^2PBM 的求解是 ODE 的初值问题。ODE 的初值问题的标准表达如式（3-24）所示。

$$\begin{cases} y' = F(t,\ y),\ a \leqslant t \leqslant b \\ y(a) = y_0 \end{cases} \tag{3-24}$$

式中　t——自变量；

　　　y——因变量；

　　　y_0——初始值。

MATLAB 对于 ODE 的初值问题求解主要有欧拉法（Euler methods）、休恩法（Heun methods）和龙格-库塔法（Runge-Kutta methods，简称 RK 法）。但是，RK 法的精度更高，所以更为常用。经典的 RK 法是四阶定步长 RK 法。本书采用 Felhberg 对经典 RK 法进行改进得到的四阶五级 Runge-Kutta-Fehlberg 方法（RKF 法）对 T^2PBM 的初值问题进行求解。RKF 法在求解过程中他将每一个计算步长内的同一函数都进行 6 次求值，如式（3-25）所示。

$$\begin{cases} y_{n+1} = y_n + \dfrac{h}{6}[K_1 + 2K_2 + 2K_3 + K_4]F(t,\ y) \\ K_1 = f(t_n,\ y_n) \\ K_2 = f\left(t_n + \dfrac{h}{2},\ y_n + \dfrac{h}{2}K_1\right) \\ K_3 = f\left(t_n + \dfrac{h}{2},\ y_n + \dfrac{h}{2}K_2\right) \\ K_4 = f(t_n,\ y_n + hK_3) \end{cases} \tag{3-25}$$

综合考虑方程中全尾砂絮团数目的变化，对于 T^2PBM 的初值问题的求解属于刚性问题。在综合考虑刚性与精度问题后，本书采用求解器 ode15s 来求解 T^2PBM 的初值问题。

但是，T^2PBM 中包含 $\alpha_{i-1,j}$、$\beta_{i-1,j}$、$\Gamma_{i,j}$ 和 S_i 等多个模型，不能直接用 ode15s 进行求解。在求解之前，首先需要根据各个模型建立相应的 M-函数，然后再把这些 M-函数嵌套起来。同时，T^2PBM 中右边包含六项，也对它们分别建立 M-函数。在完成 T^2PBM 中各项的 M-函数编译后，根据各项成立的前提条件，可得到 T^2PBM 在程序中的完整表达。再把 T^2PBM 的 37 个方程组转换为 MATLAB 中求解 ODE 初值问题的标准形式，然后再用求解器 ode15s 进行求解。

综上可知，在已知待定系数 f_1、f_2、f_3、f_4、f_5 和 f_6 的条件下，即可计算出全尾砂絮团分布随着时间的演化规律。

3.4 全尾砂絮凝动力学模型的参数确定

为了建立 T^2PBM，用第 2 章的 29 组 BBD 实验 FBRM 测得的絮团尺寸数据对上述六个待定系数进行求解确定。因为全尾砂絮团的尺寸随着时间不断变化，每一单位时间全尾砂絮团的 PSD 都是庞大的数据，为了简化计算过程，应用每一单位时间的全尾砂絮团平均尺寸对参数进行求解。为此，应用 FBRM 测得的絮团平均尺寸和根据求解 T^2PBM 所得的全尾砂絮团平均尺寸建立如式（3-26）的参数求解目标模型。

$$\min_{f_1, f_2, \cdots, f_6} O = \sum_t (\overline{d_{\mathrm{FBRM}}} - \overline{d_{\mathrm{T^2PBM}}})^2 \tag{3-26}$$

式中　$\overline{d_{\mathrm{FBRM}}}$——FBRM 测得的絮团平均尺寸，即 SWMCL；

$\overline{d_{\mathrm{T^2PBM}}}$——根据求解 T^2PBM 所得的全尾砂絮团平均尺寸，可由式（3-27）求得。

$$\overline{d_{\mathrm{T^2PBM}}} = \frac{\sum_{i=1}^{37} N_i d_i^4}{\sum_{i=1}^{37} N_i d_i^3} \tag{3-27}$$

但是，求解过程有六个待定系数，维度高，求解过程复杂。为此，本书采用 PSO 对六个待定系数进行优化求解。在粒子群算法中，每个优化问题的可能解被假定为 D 维搜索空间中的一个多边形的顶点，称其为"粒子"。所有粒子均具有由目标函数确定的适应度值，还有确定粒子飞行方向和飞行距离的速度，所有粒子跟随搜索空间中当前最佳粒子进行搜索。

经初始化后，给定一个初始状态的随机解，通过不断的迭代方式来寻优。假设有 k 个粒子，在 D 维搜索空间中，其中第 q 个粒子被表示为 D 维向量，记为

$L_q = (l_{q1}, l_{q2}, \cdots, l_{qD})$，$q = 1, 2, \cdots, k$；第 q 个粒子"飞行"速度也是 D 维向量，记为 $U_q = (u_{q1}, u_{q2}, \cdots, u_{qD})$，$q = 1, 2, \cdots, k$；第 q 个粒子到目前为止搜寻到的最优位置则称其为个体极值，记作 $p_{\text{best}} = (p_{q1}, p_{q2}, \cdots, p_{qD})$，$q = 1, 2, \cdots, k$；到目前为止整个粒子群搜寻到的最优位置称为全局极值，记为 $g_{\text{best}} = (p_{g1}, p_{g2}, \cdots, p_{gD})$。当找寻到个体极值和全局极值时，粒子通过式（3-28）和式（3-29）更新自身的速度和位置：

$$u_{qd}^{m+1} = wu_{qd}^m + c_1 r_1 (p_{qd}^m - l_{qd}^m) + c_2 r_2 (p_{gd}^m - l_{qd}^m) \tag{3-28}$$

$$l_{qd}^{m+1} = l_{qd}^m + u_{qd}^{m+1} \tag{3-29}$$

式中　m ——程序迭代次数；

　　　w ——惯性因子；

　　　c_1 ——加速常数，个体学习因子；

　　　c_2 ——加速常数，社会学习因子；

　　r_1, r_2 ——［0，1］范围内的均匀随机数；

　　　p_{qd}^m ——当前个体所搜索到的最优值；

　　　p_{gd}^m ——当前整个种群所搜索到的最优值；

　　　u_{qd}^m ——当前粒子的运动速度，$u_{qd}^m \in [-u_{\max}, u_{\max}]$，$u_{\max}$ 为用户自己设定的常数；

　　　l_{qd}^m ——粒子的个体参数，即决策变量值。

PSO 算法的求解步骤如图 3-5 所示。

本书中，因有 6 个待定系数，设置 $D = 6$。设置最大迭代次数 $m_{\max} = 10000$。对于粒子数，根据 Clerc 等[132]提出的粒子数与维数 D 之间的经验模型，如式（3-30）所示，可以计算出本书的种群数为 14，即 $k = 14$。

$$k = \text{int}(10 + \sqrt{D}) \tag{3-30}$$

式中　k ——种群数（粒子数）；

　　　int ——式（3-30）的整数部分。

权重系数 w 体现了给定的粒子自身速度的影响程度，目前对于 w 的设

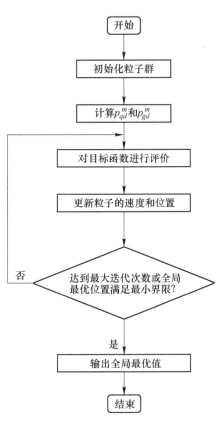

图 3-5　PSO 算法计算流程图

定方式主要有线性惯性权重、随机惯性权重、指数惯性权重和幂率惯性权重等几种方式，分别如式（3-31）~式（3-34）所示。

$$w = w_{max} - \frac{m}{m_{max}}(w_{max} - w_{min}) \tag{3-31}$$

式中　w_{max}——最大惯性权重；

　　　w_{min}——最小惯性权重。

$$w = 0.5 + 0.5 \times rand() \tag{3-32}$$

$$w = w_{min} + (w_{max} - w_{min}) \times e^{-10m/m_{max}} \tag{3-33}$$

$$w = w_{min} + (w_{max} - w_{min}) \times \left(\frac{m_{max} - m}{m_{max}}\right)^n \tag{3-34}$$

分析式（3-31）~式（3-34）可知，w 一般都在 0.4~1.4 之间，在 0.4~0.9 时算法最优，并且随着迭代的进行，w 从 0.9 逐渐减小至 0.4，可保证较好的计算效果。为此，受非线性指数权重衰减的启发，本书采用正态分布衰减惯性权重，如式（3-35）所示。

$$w = w_{min} + (w_{max} - w_{min}) \times \frac{1}{\sqrt{2\pi}\,\sigma}e^{-\frac{(m/m_{max})^2}{2\sigma^2}} \tag{3-35}$$

式中，$w_{max} = 0.9$；$w_{min} = 0.4$；$\sigma = 0.399$。

在前期一定次数的迭代过程中，w 始终保持较大的数值，使算法的全局搜索能力持续最大，令算法能快速收敛到最优解所在的区域内。中期 w 迅速衰减，全局搜索能力慢慢减弱，局部搜索能力逐渐增强，并最终使得两种搜索能力保持动态平衡。后期 w 减小到一定值后，算法不断迭代，令其局部搜索能力达到最强。可见，该算法充分利用了 w 对 PSO 算法收敛速度和能力的影响，动态变化的 w 引导算法避免陷入局部最优，并且保证了收敛的速度。

学习因子 c_1 和 c_2 代表具有自我总结和向优秀个体学习的能力，从而使粒子向群体内或领域内的最优点靠近，c_1 和 c_2 分别调节粒子向个体最优或群体最优方向飞行的最大步长，决定粒子个体经验和群体经验对粒子自身运行轨迹的影响：学习因子较小时，可能使粒子在远离目标区域内徘徊；学习因子较大时，可使粒子迅速向目标区域移动，甚至超过目标区域。在 Kennedy 和 Eberhart 提出的标准粒子群算法中，学习因子 c_1 和 c_2 分别设置为 2。在 Clerc 提出来具有收缩因子的粒子群算法中，学习因子 c_1 和 c_2 实际上是 1.49445，这两种学习因子比较常用。Ratnaweera 等[133]从 Shi 和 Eberhart 提出的线性变化的惯性权重（式（3-31））得到启发，提出了一种随迭代数变化的学习因子，如式（3-36）和式（3-37）所示。

$$c_1 = (c_{1f} - c_{1i}) \frac{m}{m_{\max}} + c_{1i} \tag{3-36}$$

$$c_2 = (c_{2f} - c_{2i}) \frac{m}{m_{\max}} + c_{2i} \tag{3-37}$$

式中　c_{1i}——初始个体学习因子，2.5；

c_{1f}——最终个体学习因子，0.5；

c_{2i}——初始社会学习因子，0.5；

c_{2f}——最终社会学习因子，2.5。

同样，本书提出正态分布衰减的个体学习因子和正态分布增加的社会学系因子，分别如式（3-38）和式（3-39）所示。

$$c_1 = c_{1f} + (c_{1i} - c_{1f}) \times \frac{1}{\sqrt{2\pi}\sigma} e^{-\frac{(m/m_{\max})^2}{2\sigma^2}} \tag{3-38}$$

$$c_2 = c_{2f} + (c_{2i} - c_{2f}) \times \frac{1}{\sqrt{2\pi}\sigma} e^{-\frac{(m/m_{\max})^2}{2\sigma^2}} \tag{3-39}$$

式中相关参数取值和式（3-35）~式（3-37）一致。

因此，可得出本书 PSO 求解中重要的三个参数 w、c_1 和 c_2 具有显著的时变特性，随着迭代次数的不断增加，它们的变化规律如图 3-6 所示。

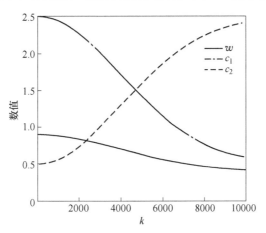

图 3-6　PSO 中 w、c_1 和 c_2 变化规律

同时，$u_{\max}$ 决定搜索的力度，$u_{\max}$ 过大，粒子运动速度快，粒子探索能力强，但容易越过最优的搜索空间，错过最优解；如果 $u_{\max}$ 较小，粒子的开发能力强，容易进入局部最优，可能会使粒子无法运动足够远的距离以跳出局部最优，从而也可能找不到解空间的最佳位置。一般情况下，$u_{\max}$ 根据粒子坐标的范围确定，不要超过坐标的最大值即可，本书设置 $u_{\max} = 0.5$。

应用上述方法，计算出第 2 章中 29 组 BBD 实验对应的待定系数值，如表 3-2 所示。

根据表 3-2 中不同实验条件下的待定系数，可模拟计算出不同实验条件下的絮团弦长分布演化规律，如图 3-7 所示。由图 3-7 可知，不同条件下模型预测的弦长演化规律和实验所测的弦长演化规律吻合度较好。

表 3-2　不同实验条件下的待定系数值

编号	f_1	f_2	f_3	f_4	f_5	f_6
T1	0.906760	0.981830	0.045583	0.071916	1.238100	1.949340
T2	0.884400	0.906411	0.024310	0.019595	1.042457	1.945652
T3	0.881730	0.922640	0.021378	0.007813	1.106460	1.894710
T4	0.887640	0.928360	0.024536	0.016628	1.123560	1.913460
T5	0.862600	0.959000	0.015087	0.056445	1.100100	1.989600
T6	0.863360	0.935460	0.002770	0.052764	1.090710	1.962360
T7	0.867900	0.942720	0.003796	0.046269	1.086990	1.952670
T8	0.986006	0.954247	0.017934	0.269841	1.074363	1.918388
T9	0.868640	0.911100	0.023525	0.015922	1.087500	1.883550
T10	0.994610	0.780870	0.039762	0.174078	0.224532	1.353810
T11	0.913510	0.953530	0.028176	0.075294	1.177080	1.875150
T12	0.899170	0.962320	0.036402	0.090126	1.167180	1.967460
T13	0.865380	0.937700	0.000980	0.037248	1.073790	1.940640
T14	0.876230	0.898450	0.026484	0.005345	1.037370	1.919790
T15	0.879900	0.925820	0.020141	0.008921	1.115490	1.891080
T16	0.864620	0.945730	0.007218	0.051825	1.092600	1.968210
T17	0.866723	0.742204	0.029235	0.104340	0.571991	1.404482
T18	0.894745	0.922552	0.039456	0.049053	1.049720	1.766263
T19	0.913690	0.985850	0.023613	0.020428	1.172490	2.003190
T20	0.901440	0.962160	0.034187	0.087948	1.116930	2.028450
T21	0.800013	0.608530	0.008808	0.012363	0.657667	1.079004
T22	0.885230	0.926670	0.023514	0.006677	1.123440	1.908900
T23	0.840267	0.689191	0.018029	0.065081	0.434195	1.275404
T24	0.982242	0.870247	0.009020	0.165464	0.709983	1.764251
T25	0.887640	0.928360	0.024536	0.016628	1.123560	1.913460
T26	0.831532	0.973551	0.030851	0.165089	0.577301	1.717226
T27	0.895850	0.934230	0.031360	0.010204	1.143030	1.920150
T28	0.884920	0.920920	0.017997	0.007352	1.115130	1.894710
T29	0.887650	0.928390	0.024556	0.016685	1.123560	1.913490

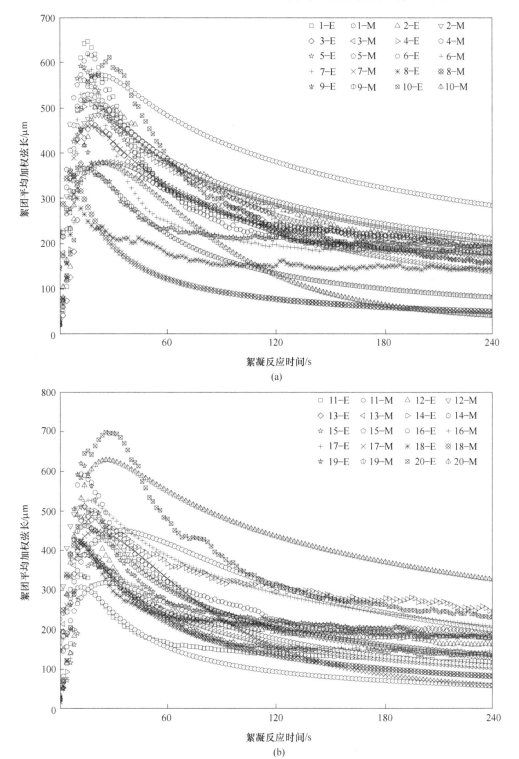

(a)

(b)

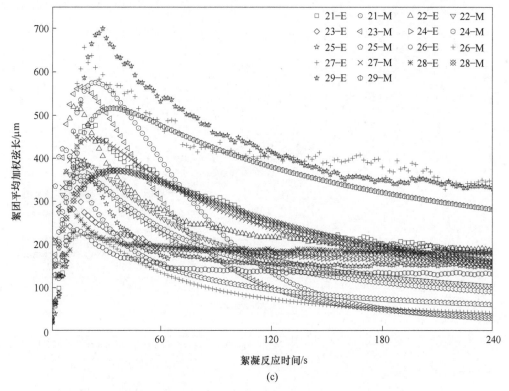

图 3-7　不同实验条件下的全尾砂絮团弦长预测值（M）与实测值（E）

(a) T1~T10；(b) T11~T20；(c) T21~T29

为了准确描述吻合度，采用可决系数 R^2 对不同条件下的待定系数进行分析，可决系数计算方法如式（3-40）所示。

$$R^2 = 1 - \frac{\sum\limits_{t} (\overline{d_{FBRM}} - \overline{d_{T^2PBM}})^2}{\sum\limits_{t} (\overline{d_{FBRM}} - \widetilde{d_{FBRM}})^2} \tag{3-40}$$

式中　$\widetilde{d_{FBRM}}$——不同时刻 FBRM 测得的絮团平均尺寸的平均值。

根据式（3-40），可计算出不同条件下的 R^2 如表 3-3 所示。可知，不同条件下的 R^2 均较大，平均值也达到了 0.8567，因此可近似认为不同条件下的待定系数值是有效的，符合精度要求。

表 3-3 不同实验条件下的待定系数值的可决系数

编号	R^2	编号	R^2	编号	R^2	编号	R^2
T1	0.8799	T9	0.8287	T17	0.8773	T25	0.6573
T2	0.9121	T10	0.9463	T18	0.7917	T26	0.8328
T3	0.8615	T11	0.8578	T19	0.8818	T27	0.7514
T4	0.9492	T12	0.8402	T20	0.9678	T28	0.6050
T5	0.9677	T13	0.8627	T21	0.9215	T29	0.9515
T6	0.9504	T14	0.8567	T22	0.8874		
T7	0.8714	T15	0.8934	T23	0.7366		
T8	0.6896	T16	0.9721	T24	0.8417		

由表 3-2 可知，不同条件下的六个待定系数差别较大，为了分析不同条件下对待定系数的影响，应用 Design-expert 软件建立各个系数关于各因素的关系模型，分别如式（3-41）~式（3-46）所示。可决系数分别为 $R^2 = 0.8415$、$R^2 = 0.9928$、$R^2 = 0.9152$、$R^2 = 0.9926$、$R^2 = 0.9971$、$R^2 = 0.9989$。

$$f_1 = 0.87 + 0.0065x_1 + 0.013x_2 + 0.02x_3 - 0.01x_4 + 0.0073x_1x_2 + 0.015x_1x_3 + 0.0023x_1x_4 + 0.023x_2x_3 + 0.048x_2x_4 - 0.0025x_3x_4 - 0.027x_1^2 + 0.038x_2^2 - 0.0006x_3^2 + 0.024x_4^2 \tag{3-41}$$

$$f_2 = 0.95 + 0.042x_1 - 0.005x_2 + 0.0045x_3 - 0.022x_4 + 0.0024x_1x_2 + 0.012x_1x_3 - 0.064x_1x_4 - 0.039x_2x_3 - 0.009x_2x_4 - 0.0053x_3x_4 - 0.067x_1^2 - 0.045x_2^2 - 0.016x_3^2 + 0.012x_4^2 + 0.0084x_1^2x_2 + 0.13x_1^2x_3 + 0.074x_1^2x_4 - 0.044x_1x_2^2 - 0.07x_1x_3^2 - 0.039x_2^2x_3 - 0.015x_2^2x_4 - 0.033x_2x_3^2 + 0.077x_1^2x_2^2 - 0.085x_1^2x_3^2 \tag{3-42}$$

$$f_3 = 0.01 - 0.0018x_1 - 0.003x_2 + 0.002x_3 - 0.0085x_4 + 0.0031x_1x_2 + 0.0081x_1x_3 - 0.0013x_1x_4 + 0.001x_2x_3 - 0.0084x_2x_4 - 0.0026x_3x_4 + 0.01x_1^2 + 0.0039x_2^2 + 0.015x_3^2 + 0.0075x_4^2 + 0.0051x_1^2x_2 - 0.0024x_1^2x_3 + 0.008x_1^2x_4 + 0.0077x_1x_2^2 + 0.0054x_1x_3^2 + 0.0046x_2^2x_3 + 0.0043x_2^2x_4 + 0.0035x_2x_3^2 + 0.0009x_1^2x_2^2 - 0.022x_1^2x_3^2 \tag{3-43}$$

$$f_4 = 0.046 - 0.044x_1 - 0.0054x_2 - 0.007x_3 - 0.035x_4 + 0.0082x_1x_2 + 0.0088x_1x_3 - 0.03x_1x_4 + 0.039x_2x_3 + 0.086x_2x_4 + 0.0021x_3x_4 + 0.0046x_1^2 + 0.046x_2^2 - 0.039x_3^2 + 0.04x_4^2 + 0.014x_1^2x_2 + 0.0019x_1^2x_3 + 0.035x_1^2x_4 + 0.057x_1x_2^2 + 0.027x_1x_3^2 + 0.047x_2^2x_3 - 0.012x_2^2x_4 + 0.048x_2x_3^2 - 0.076x_1^2x_2^2 + 0.023x_1^2x_3^2 \tag{3-44}$$

$$f_5 = 1.11 + 0.29x_1 - 0.071x_2 + 0.018x_3 - 0.04x_4 - 0.0073x_1x_2 - 0.064x_1x_3 -$$
$$0.015x_1x_4 - 0.23x_2x_3 - 0.092x_2x_4 - 0.0018x_3x_4 - 0.31x_1^2 - 0.19x_2^2 -$$
$$0.014x_3^2 + 0.069x_4^2 + 0.06x_1^2x_2 + 0.24x_1^2x_3 + 0.028x_1^2x_4 - 0.31x_1x_2^2 -$$
$$0.24x_1x_3^2 - 0.24x_2^2x_3 - 0.071x_2^2x_4 - 0.16x_2x_3^2 + 0.49x_1^2x_2^2 + 0.023x_1^2x_3^2$$

$$(3\text{-}45)$$

$$f_6 = 1.98 + 0.17x_1 - 0.011x_2 - 0.0057x_3 - 0.024x_4 - 0.029x_1x_2 + 0.05x_1x_3 -$$
$$0.069x_1x_4 - 0.15x_2x_3 - 0.066x_2x_4 + 0.0034x_3x_4 - 0.3x_1^2 - 0.12x_2^2 -$$
$$0.089x_3^2 + 0.049x_4^2 - 0.018x_1^2x_2 + 0.39x_1^2x_3 + 0.11x_1^2x_4 - 0.2x_1x_2^2 -$$
$$0.21x_1x_3^2 - 0.13x_2^2x_3 - 0.042x_2^2x_4 - 0.12x_2x_3^2 + 0.3x_1^2x_2^2 - 0.029x_1^2x_3^2$$

$$(3\text{-}46)$$

将式（3-41）~式（3-43）、式（3-44）~式（3-46）分别代入式（3-16）和式（3-22），从而建立了适用于描述不同条件下全尾砂絮凝的动力学模型，即全尾砂絮凝动力学模型（T^2PBM）。

用第 2 章多目标优化求解所得的最优絮凝条件 SF = 10.29%、FD = 25g/t、FC = 0.15%、$G = 51.60s^{-1}$ 对 T^2PBM 进行验证。根据表 2-1 最优絮凝条件对应的编码值分别为：-0.471、1、1、-1，根据式（3-41）~式（3-46）可得对应的待定系数分别为：$f_1 = 0.93340$，$f_2 = 0.83532$，$f_3 = 0.04749$，$f_4 = 0.11752$，$f_5 = 0.76734$，$f_6 = 1.65428$。将待定系数代入式（3-16）和式（3-22）则可得到碰撞效率模型和幂率破碎频率模型分别如式（3-47）和式（3-48）所示。

$$\alpha_{ij} = 0.9334 \left[\frac{\exp\left(-0.83532\left(1 - \frac{i}{j}\right)^2 \right)}{(i \cdot j)^{0.04749}} \right] \qquad (3\text{-}47)$$

$$S_i = 0.11572G^{0.76734}r_{gi}^{1.65428} \qquad (3\text{-}48)$$

不同尺寸絮团之间的碰撞效率如图 3-8 所示，由图可知当絮团（v_i）和絮团（v_j）的尺寸相近时，碰撞效率较大。

根据最优条件下的待定系数值，可模拟预测出最优条件下的全尾砂絮团平均加权弦长的演化规律如图 3-9 所示。由图 3-9 可知，最优条件下的预测值与第 2 章验证实验的实测值的吻合度很好，可决系数 $R^2 = 0.9804$，说明式（3-41）~式（3-46）所表示的待定系数模型是有效的。

因此，不同絮凝条件（固体质量分数、絮凝剂单耗、絮凝剂溶液浓度和剪切速率）下，根据式（3-41）~式（3-46），可计算出相应的待定系数，从而计算出全尾砂絮团弦长随时间的演化规律。

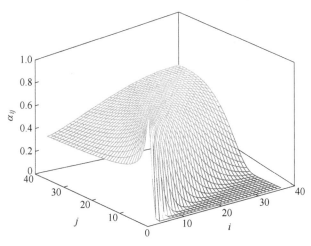

图 3-8 全尾砂絮团的碰撞效率

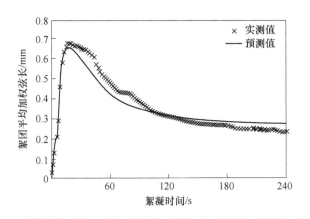

图 3-9 最优絮凝条件下全尾砂絮团平均加权弦长的预测值与实测值

3.5 本 章 小 结

针对全尾砂絮凝过程，分析了全尾砂絮团的聚并与破碎机理，建立了全尾砂絮凝动力学模型（total tailings population balance model，T^2PBM），应用 MATLAB 的 ode15s 对 T^2PBM 进行求解，并应用粒子群算法和第 2 章 FBRM 测得的絮团粒径分布数据对碰撞效率和破碎频率中的待定参数进行优化确定，最终取得的主要结论如下：

（1）基于全尾砂絮凝机理分析，通过建立絮团（v_{i-1}）和絮团（v_j）的碰撞效率模型 $\alpha_{i-1,j}$、絮团（v_{i-1}）和絮团（v_j）的碰撞频率模型 $\beta_{i-1,j}$、絮团（v_j）

破碎后生成絮团（v_i）的概率分布函数 $\Gamma_{i,j}$ 和絮团（v_i）的破碎频率模型 S_i，建立了适用于描述本书全尾砂絮凝的动力学模型（T^{2}PBM）。

（2）针对一阶线性常微分方程的特点，提出了 T^{2}PBM 求解方法。根据定点离散法将 T^{2}PBM 划分为 37 个组，采用四阶五级 Runge-Kutta-Fehlberg 方法应用 MATLAB 求解器 ode15s 对 T^{2}PBM 的初值问题进行求解。

（3）应用每一单位时间的全尾砂絮团平均尺寸建立了 T^{2}PBM 参数求解目标模型，根据第 2 章的 29 组 BBD 实验 FBRM 测得的絮团尺寸数据，采用改进的粒子群优化算法对不同絮凝条件下的 T^{2}PBM 的六个待定系数进行优化确定。

（4）最优絮凝条件下，T^{2}PBM 中六个待定系数为 $f_1 = 0.93340$，$f_2 = 0.83532$，$f_3 = 0.04749$，$f_4 = 0.11752$，$f_5 = 0.76734$，$f_6 = 1.65428$，对应的 T^{2}PBM 中碰撞效率模型为 $\alpha_{ij} = 0.9334 \left[\dfrac{\exp\left(-0.83532 \left(1 - \dfrac{i}{j} \right)^2 \right)}{(i \cdot j)^{0.04749}} \right]$，幂率破碎频率模型为 $S_i = 0.11572 G^{0.76734} r_{gi}^{1.65428}$。此时根据 T^{2}PBM 求得絮团弦长演化规律与实验所得演化规律相近，说明本书所建立的 T^{2}PBM 有效，可以定量描述本书全尾砂的絮凝过程。

4 深锥浓密机给料井内全尾砂絮凝行为模拟

为进一步研究深锥浓密机给料井内的全尾砂絮凝行为，本章分别采用物理模拟和数值模拟的方法对给料井内的全尾砂絮凝行为进行模拟研究。

对于给料井，不仅仅需要获得较好的全尾砂絮凝效果（出口的絮团尺寸大且细颗粒含量少、溢流浊度低），还要求给料井出口圆周上布料均匀即出口圆周上全尾砂料浆中固体体积分数分布均匀，同时还要求给料井内部空间能充分利用即有效流动区域足够大。

为此，本章首先根据第 2 章室内实验所得最优絮凝条件，应用中试深锥浓密机进行给料井内全尾砂絮凝行为的物理模拟研究，以溢流水浊度为指标初步分析全尾砂絮凝效果。然后将全尾砂絮凝动力学模型（T^2PBM）与 CFD 进行耦合，以中试深锥浓密机的给料井为原型，对给料井内全尾砂料浆的絮凝行为进行数值模拟研究。分别对给料井内的速度场、浓度场、湍流特性、有效流动区域进行了详细分析，并应用离散法对 T^2PBM 进行求解，研究给料井内全尾砂絮团尺寸分布的时空演化规律。

4.1 给料井内全尾砂絮凝行为物理模拟研究

在第 2 章中，通过室内实验研究了剪切速率等多因素影响下的全尾砂絮凝行为，在每一组实验中剪切速率和料浆中固体质量分数都保持恒定。而在实际的深锥浓密机给料井内，低浓度料浆在深锥浓密机上部经稀释结构稀释后在给料筒中与絮凝剂溶液混合、絮凝，这个过程中剪切速率随着时间和空间都不断变化，且给料井内的全尾砂颗粒不断流动、沉降，和室内实验的理想状态有较大的区别。

为此，为了更加真实地模拟全尾砂在深锥浓密机内的絮凝行为，本节应用中试深锥浓密机开展全尾砂絮凝物理模拟实验。因在中试深锥浓密机内获取絮团尺寸和初始沉降速率比较困难，物理模拟仅以溢流水浊度（T）为评价指表征全尾砂的絮凝行为，在第 2 章的最优条件下重点研究深锥浓密机的给料流量与固体质量分数对全尾砂絮凝行为的影响。

4.1.1 物理模拟实验平台与方法

本书应用的尾砂中试深锥浓密模拟实验平台如图 4-1 所示。该平台由中试深锥浓密机、超声波浓度计、电磁流量计、压力表、尾砂仓、搅拌桶、絮凝剂制备与投加系统等组成。中试深锥浓密机的给料稀释采用 E-DUC 稀释结构，如图 4-2 所示，全尾砂料浆从给料管进入，经 E-DUC 稀释系统稀释后进入给料井的混料槽，此后与絮凝剂发生絮凝反应，并从混料槽流入给料井，不断絮凝、沉降直至进入深锥浓密机内。为了对中试深锥浓密机运行状态进行定量分析，在关键部位均安设了相关监测仪表，其主要包括：浓密机入料端安设流量、浓度监测仪表；底流管路设置流量、浓度监测仪表；溢流处设有浊度仪；深锥浓密机不同高度位置安设压力计。同时，整个实验采用 DCS 控制系统进行自动控制。

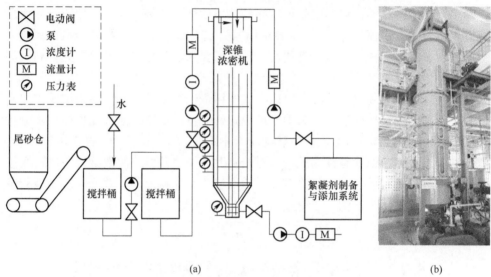

(a)   (b)

图 4-1　全尾砂深锥浓密中试模拟实验平台

（a）示意图；（b）中试深锥浓密机

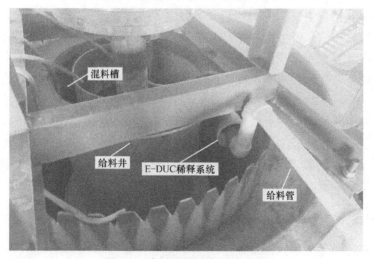

图 4-2　中试深锥浓密机给料井

　　根据絮凝剂选型实验以及最优单耗实验，选用 Magnafloc 5250 絮凝剂，絮凝剂单耗设置为 25g/t。应用如图 4-3 所示的絮凝剂制备与添加系统，配置浓度为 0.15% 的絮凝剂溶液。根据第 2 章研究可知尾砂料浆中固体质量分数最佳值为 10.29%，实际生产中此质量分数为经深锥浓密机稀释结构稀释后的质量分数，为此本书设定稀释前的质量分数为 20%。应用计量称称量 1386kg 全尾砂，应用清水桶称量 5561kg 清水，分别进入到搅拌桶中进行搅拌，共制备料浆体积为 6m³，如图 4-4 所示。

图 4-3　絮凝剂制备与添加系统

图 4-4　全尾砂料浆制备系统

　　应用 DCS 控制系统进行自动操作与控制整个全尾砂絮凝沉降实验。首先打开清水阀并启动清水泵，向深锥浓密机内注满清水。启动耙动装置，耙架转速为 0.2r/min。打开给料阀门，启动给料泵，开始向深锥浓密机内给料，控制给料流量在 5m³/h 左右，直至给料完毕。

4.1.2   全尾砂絮凝行为物理模拟分析

本书重点研究深锥浓密机内的全尾砂絮凝沉降行为，因此对给料过程的给料参数（流量与固体质量分数）与上部溢流水的浊度进行检测，所得结果如图4-5所示。给料时间为0~7650s，其中1853~2002s和2520~2707s因故障停止给料，此时给料流量、给料固体质量分数和溢流水浊度均为0。

实验过程中，搅拌桶内的桨叶一直在搅拌以防止搅拌桶内的全尾砂颗粒沉降，尽可能保证给料固体质量分数的均匀，从图4-5可看出，给料的固体质量分数虽有轻微波动，但基本上保持在20%左右。同时，由于给料过程在不断调整给料泵的频率，因此其流量不断波动变化。

由图4-5可知，整个实验过程中溢流水浊度均在0.02%以下，溢流水澄清，如图4-6所示。根据《污水综合排放标准》（GB 8978—96）要求，采矿、选矿工业悬浮物的二级标准为不超过300mg/L，因此溢流水浊度符合排放标准，也可循环利用。通过溢流的浊度可初步判断全尾砂在给料井内的絮凝效果较好，初步说明了第2章中优选出的全尾砂絮凝条件有效。

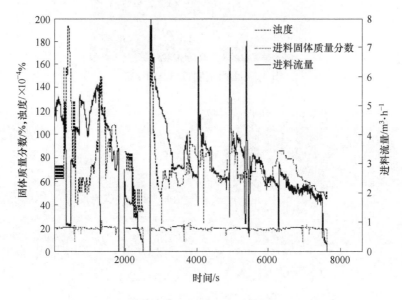

图 4-5   深锥浓密机给料时的溢流浊度与不同高度的压力

因本节中中试给料井结构固定，全尾砂固体质量分数基本稳定，因此只分析给料流量对溢流水浊度的影响。从1200s开始，不断调整给料泵的频率来调节给料流量大小。

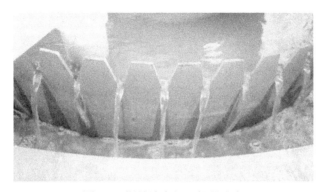

图 4-6 深锥浓密机上部溢流水

从图 4-5 可看出，溢流水浊度随着给料流量一直不断变化，浊度曲线的"波峰"基本都出现在给料流量曲线的"波峰"或"波谷"的位置，说明给料流量过高或过低时，溢流水的浊度都较高。

当给料流量偏小时，给料井的 E-DUC 系统稀释效果不好，出现"返混"现象，如图 4-7 所示，稀释水不能从喇叭口被吸入，相反还有全尾砂料浆从喇叭口倒流进入稀释水，影响絮凝效果，增大溢流水浊度。

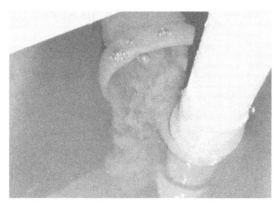

图 4-7 给料流量低时 E-DUC 稀释结构"返混"现象

4.2 给料井内全尾砂絮凝行为数值模拟模型

为了更加全面的分析给料井内的全尾砂絮凝行为，将第 3 章建立的 T^2PBM 与 CFD 软件进行耦合，对给料井内的全尾砂料浆的有效流动区域、均匀度和絮凝行为进行数值模拟研究。

4.2.1　给料井几何模型

本节以中试深锥浓密机的给料井为原型，只考虑料浆液位以下的给料井，建立如图 4-8 所示的给料井模型。

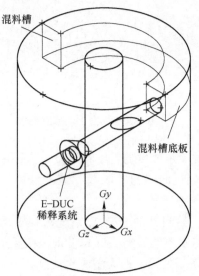

图 4-8　中试深锥浓密机的给料井几何模型

中试深锥浓密机的给料井有效高度 $H_{feedwell} = 570mm$，直径 $D_{feedwell} = 500mm$，中心传动轴直径 $D_{shaft} = 108mm$。给料井上部有螺旋弧形混料槽，如图 4-9 所示。混料槽的宽度为 $D_{groove} = 75mm$，与 E-DUC 稀释系统连接处的高度为 $H_1 = 90mm$，进入给料井处的高度为 $H_2 = 124mm$，对应弧度为 $180°$。

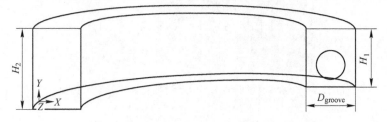

图 4-9　中试深锥浓密机的混料槽几何模型

E-DUC 稀释系统结构如图 4-10 所示，关键尺寸参数为 $D_1 = 45mm$，$D_2 = 39mm$，$L = 30mm$，$\omega = 24.2°$。

对中试深锥浓密机的给料井进行网格划分，划分类型为锥形和楔形混合网格，如图 4-11 所示，网格数 1312844 个，其中混料槽的网格 248972 个、E-DUC 的网格 177873 个。

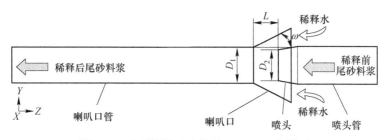

图 4-10 中试深锥浓密机的 E-DUC 几何模型

图 4-11 中试深锥浓密机的给料井网格划分

4.2.2 全尾砂絮凝数学模型

4.2.2.1 固液两相流模型

全尾砂料浆中固体体积分数小于 10%，在给料井内的流动属于典型的固液两相流动系统，有着连续的流体和离散的固体（全尾砂颗粒），在模拟之前尾砂颗粒的分布规律并不清楚，因此本书最终确定深锥浓密机中的全尾砂沉降为 Mixture 模型，其基本控制方程如式（4-1）~式（4-6）所示。

（1）连续性方程。

$$\frac{\partial}{\partial t}(\rho_m) + \nabla \cdot (\rho_m \boldsymbol{v}_m) = m \tag{4-1}$$

式中　$\boldsymbol{v}_m$ ——质量平均速度，$\boldsymbol{v}_m = \dfrac{\displaystyle\sum_{k=1}^{n} \alpha_k \rho_k \boldsymbol{v}_k}{\rho_m}$；

$$\rho_m \text{——混合物密度}, \rho_m = \sum_{k=1}^{n} \alpha_k \rho_k ;$$

α_k ——第 k 相的体积分数。

（2）动量方程。可以通过对所用相各自的动量方程求和来获得，可以表示为：

$$\frac{\partial}{\partial t}(\rho_m \boldsymbol{v}_m) + \nabla \cdot (\rho_m \boldsymbol{v}_m \boldsymbol{v}_m) = - \nabla p + \nabla [\mu_m (\nabla \boldsymbol{v}_m + \nabla \boldsymbol{v}_m^{\mathrm{T}})] +$$

$$\rho_m \boldsymbol{g} + \boldsymbol{F} + \nabla \cdot \Big(\sum_{k=1}^{n} \alpha_k \rho_k \boldsymbol{v}_{\mathrm{dr},k} \boldsymbol{v}_{\mathrm{dr},k} \Big) \tag{4-2}$$

式中 n——相数；

$\boldsymbol{F}$ ——体积力；

$$\mu_m \text{——混合物黏性}, \mu_m = \sum_{k=1}^{n} \alpha_k \mu_k ;$$

$\boldsymbol{v}_{\mathrm{dr},k}$ ——第二相 k 的漂移速度，$\boldsymbol{v}_{\mathrm{dr},k} = \boldsymbol{v}_k - \boldsymbol{v}_m$。

（3）能量方程。

$$\frac{\partial}{\partial t} \sum_{k=1}^{n} (\alpha_k \rho_k E_k) + \nabla \cdot \Big[\sum_{k=1}^{n} \alpha_k \boldsymbol{v}_k (\rho_k E_k + p) \Big] = \nabla \cdot (k_{\mathrm{eff}} \nabla T) + S_{\mathrm{E}} \tag{4-3}$$

式中 k_{eff} ——有效热传导系数，$k_{\mathrm{eff}} = k + k_t$，其中 k_t 是湍流热传导系数；

S_{E} ——所有的体积热源。对于可压缩相而言，$E_k = h_k - \dfrac{p}{\rho_k} + \dfrac{v_k^2}{2}$；对于不

可压缩相而言 $E_k = h_k$。

（4）相对速度和漂移速度。相对速度，即第二相 p 的速度相对于主相 q 的速度：

$$\boldsymbol{v}_{qp} = \boldsymbol{v}_p - \boldsymbol{v}_q \tag{4-4}$$

漂移速度和相对速度的关系为：

$$\boldsymbol{v}_{\mathrm{dr},k} = \boldsymbol{v}_{qp} - \sum_{k=1}^{n} \frac{\alpha_k \rho_k}{\rho_m} \boldsymbol{v}_{qk} \tag{4-5}$$

（5）第二相的体积分数方程。从第二相 p 的连续方程，可以得到第二相 p 的体积分数方程为：

$$\frac{\partial}{\partial t}(\alpha_p \rho_p) + \nabla \cdot (\alpha_p \rho_p \boldsymbol{v}_m) = \nabla \cdot (\alpha_p \rho_p \boldsymbol{v}_{\mathrm{dr},p}) \tag{4-6}$$

4.2.2.2 湍流模型

料浆在 E-DUC 稀释系统的流动中存在射流、在给料井的流动中存在环流，流体不断发生变化，其流动形式是湍流。基于全尾砂料浆在给料井内的流动状态，本书认为全尾砂的湍流流动是 Realizable k-ε 模型。

在 Realizable k-ε 模型中需要求解湍动能及其耗散率方程，其方程如式（4-7）和式（4-8）所示：

$$\frac{\partial}{\partial t}(\rho k) + \frac{\partial}{\partial x_j}(\rho k u_j) = \frac{\partial}{\partial x_j}\left[\left(\mu + \frac{\mu_t}{\sigma_k}\right)\frac{\partial k}{\partial x_j}\right] + G_k + G_b - \rho\varepsilon - Y_M \quad (4\text{-}7)$$

$$\frac{\partial}{\partial t}(\rho\varepsilon) + \frac{\partial}{\partial x_j}(\rho\varepsilon u_j) = \frac{\partial}{\partial x_j}\left[\left(\mu + \frac{\mu_t}{\sigma_\varepsilon}\right)\frac{\partial\varepsilon}{\partial x_j}\right] + \rho C_1 S\varepsilon - \rho C_2$$

$$\frac{\varepsilon^2}{k + \sqrt{v\varepsilon}} + C_{1\varepsilon}\frac{\varepsilon}{k}C_{3\varepsilon}G_b \tag{4-8}$$

式中　　G_k——由于平均速度梯度引起的湍动能产生；

　　　　G_b——由于浮力影响引起的湍动能产生；

　　　　Y_M——可压缩湍流脉动膨胀对总的耗散率的影响；

湍流黏性系数 $\mu_t = \rho C_\mu \dfrac{k^2}{\varepsilon}$；$C_1 = \max\left[0.43, \dfrac{\eta}{\eta+5}\right]$，　$\eta = S\dfrac{k}{\varepsilon}$，$S = \sqrt{2S_{ij}S_{ij}}$。

在 Fluent 中，作为默认值常数，$C_{1\varepsilon} = 1.44$，$C_{2\varepsilon} = 1.90$，$C_{3\varepsilon} = 1.30$。湍动能和耗散率的湍流普朗数分别为 $\sigma_k = 1.0$，$\sigma_\varepsilon = 1.3$。

4.2.2.3　全尾砂絮凝动力学模型

本章对 2.4 节确定的最佳絮凝条件和第 4.1 节的物理模拟实验条件，SF = 10.29%、FD = 25g/t、FC = 0.15%，但是给料井内的剪切速率 G 非恒定值，因此将 SF、FD 和 FC 代入式（3-41）~式（3-46）可得待定系数关于剪切速率 G 的关系模型，分别如式（4-9）~式（4-14）所示，其中 x_4 为 G 编码后的数值。

$$f_1 = 0.943801 - 0.034403x_4 + 0.024x_4^2 \tag{4-9}$$

$$f_2 = 0.818544 - 0.004769x_4 + 0.012x_4^2 \tag{4-10}$$

$$f_3 = 0.027263 - 0.012745x_4 + 0.007482x_4^2 \tag{4-11}$$

$$f_4 = 0.140479 - 0.062959x_4 + 0.04x_4^2 \tag{4-12}$$

$$f_5 = 0.490617 - 0.20772x_4 + 0.069x_4^2 \tag{4-13}$$

$$f_6 = 1.53357 - 0.07171x_4 + 0.049x_4^2 \tag{4-14}$$

根据第 3 章建立的全尾砂絮凝动力学模型，对式（4-9）~式（4-14）、式（3-3）、式（3-16）、式（3-22）和式（3-23）按照 Fluent 软件对用户自定义函数（user-defined functions，UDFs）的要求分别进行编译，然后在 Fluent 软件中加载 PBM 框架，并对碰撞核与破碎核进行加载，实现 CFD-T^{2}PBM 耦合。

4.3　给料井内全尾砂絮凝行为数值模拟方案与求解方法

4.3.1　模拟方案与边界条件

对于带有 E-DUC 稀释系统的给料井，全尾砂料浆首先被稀释，然后进入给料井内与高分子絮凝形成絮团再沉降。良好的稀释是获得较好絮凝行为的前提，足够的有效流动区域是絮凝的保证，良好的絮凝效果是给料井的核心目标。因此本书中模拟方案分为如下三个步骤：

步骤一，应用 Mixture 模型和 Realizable k-ε 模型模拟整个带有 E-DUC 稀释系统的给料井内的固液两相流流场，并分析 E-DUC 的稀释效果。

步骤二，应用 Species Transport 模型和 Realizable k-ε 模型模拟全尾砂在给料井内的停留时间，进而进行有效流动区域分析。

步骤三，应用 Mixture 模型、Realizable k-ε 模型、T^{2}PBM 模拟给料井内稀释全尾砂料浆的絮凝行为。

对于不同的模拟方案，边界条件按照如下设置。

(1) 对于步骤一，边界条件可以分为如下几个：全尾砂料浆入口、稀释水入口、给料井出口、混料槽液体表面、给料井液体表面、给料井壁面等。具体设置如下：

1) 全尾砂料浆入口。设置为速度入口，全尾砂料浆体积流量为 5m^3/h，则给料速度约为 0.836m/s。入口处湍流强度按照式（4-15）计算[134]。

$$I = 0.16 \, (Re)^{-0.125} \tag{4-15}$$

式中　　Re——雷诺数，由式（4-16）和式（4-17）计算而得。

$$Re = \frac{\rho_{sus} u d_h}{\mu_{sus}} \tag{4-16}$$

$$d_h = 4 \frac{A}{P} \tag{4-17}$$

式中　　ρ_{sus}——全尾砂料浆密度；

　　　　μ_{sus}——全尾砂料浆动力黏度，由式（3-8）计算而得；

　　　　u——给料速度；

　　　　d_h——水力直径；

　　　　A——断流面面积；

　　　　P——湿周长。

因此，可计算出入口处湍流强度为 4.4%，水力直径为 46mm。

2) 稀释水入口。设置为压力入口，压力为 0。湍流强度为 3.64%，水力直径为 44mm。

3）给料井出口。设置为压力出口，压力 0。

4）壁面。管壁、给料井壁、挡板、混料槽液体表面和给料井液体表面等壁面均设置为无滑移壁面边界条件。

（2）对于步骤二，边界条件可以分为如下几个：稀释全尾砂料浆入口、给料井出口、混料槽液体表面、给料井液体表面、给料井壁面等。除了入口设置和步骤一不一样外，其他均相同。

稀释全尾砂料浆入口设置为速度入口，具体速度根据步骤一模拟计算出的速度确定。入口湍流强度为根据稀释后全尾砂料浆的密度、动力黏度等计算，水力直径为 46mm。

（3）对于步骤三，边界条件设置和步骤二相同。

4.3.2 絮凝动力学模型数值求解方法

根据第 3 章的分析可知，全尾砂絮凝动力学模型（T^2PBM）属于双曲型的积分-偏微分方程，因此本章在 Fluent 软件中仍然采用离散法来求解 T^2PBM。本书中具体采用的离散方法为有限体积法（FVM），包括计算流域的离散和控制方程的离散。其中本书已在 4.2 节对计算区域进行离散化，本章对动量方程、体积分数方程、Realizable k-ε 方程、T^2PBM 均采用 First Order Upwind 的离散格式。同时，为了提高计算效率与计算精度，采用 SIMPLE 压力-速度耦合算法离散方程组进行求解。为了加快计算的收敛速度，使用默认的松弛因子对场变量进行欠松弛处理。

4.3.3 物性参数

本章模拟的全尾砂料浆基本物性参数和前面章节一致，因为在 Fluent 软件中采用离散法对进行求解，需对初始时全尾砂粒径同样分为 37 组，全尾砂的粒径分布如图 4-12 所示。

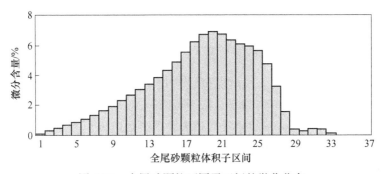

图 4-12　全尾砂颗粒不同子区间的微分分布

4.4 给料井内流场特性数值模拟分析

全尾砂料浆从 E-DUC 稀释系统的喷头管进入，从喷头喷入喇叭口管；同时，稀释水（清水）经喇叭口被吸入喇叭口管，全尾砂料浆被稀释后进入螺旋混料槽，从混料槽流入给料井，稀释的全尾砂料浆沿着给料井壁继续进行螺旋沉降运动。全尾砂料浆在给料井内的流动示意如图 4-13 所示。为较为全面地分析给料井内的流场特性，本节先对 E-DUC 稀释系统的稀释效果进行分析，再对整个给料井内的速度、浓度、湍流特性等基本流场特性进行分析。

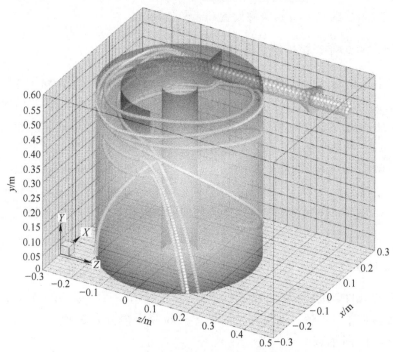

图 4-13　中试深锥浓密机的给料井内流场分布

4.4.1　E-DUC 稀释系统稀释效果分析

根据 4.3 节的模拟方案，中试深锥浓密机的 E-DUC 稀释系统内的料浆静压和速度分布云图分别如图 4-14 和图 4-15 所示。

全尾砂料浆以 0.836m/s 的速度从喷头管入口处进入，由于喷头管直径缩小，喷头出口处全尾砂料浆速度增到 1.16m/s。由于速度较快，导致喇叭口处静压较低，喇叭口外部的稀释水被吸入，稀释水的给料速度为 0.067m/s。稀释水进入后，在喇叭口管中与全尾砂料浆不断混合，最终从喇叭口管出口进入给料井内

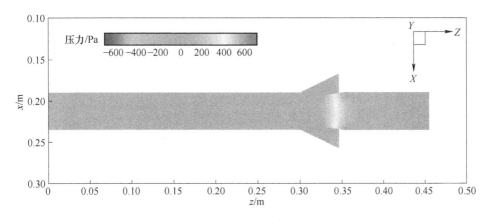

图 4-14 中试深锥浓密机的 E-DUC 的中心水平截面静压分布云图

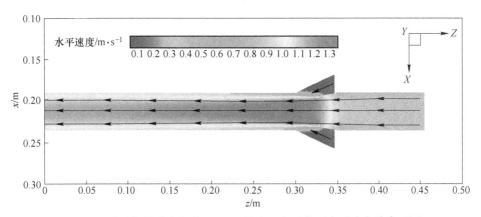

图 4-15 中试深锥浓密机的 E-DUC 的中心水平截面水平速度分布云图

部。在喇叭口处，稀释后的全尾砂料浆的流速为 1.07m/s。

稀释水流量 1.1146m³/h，为全尾砂料浆流量的 22.29%，稀释前后中试深锥浓密机的 E-DUC 稀释系统内全尾砂料浆中固体体积分数的分布云图如图 4-16 所示。

入口处全尾砂料浆中固体体积分数为 8.22%，经稀释后固体体积分数为 6.94%，稀释后固体体积分数相对降低 15.57%，具有一定的稀释效果。

中试深锥浓密机的 E-DUC 稀释系统内的湍动能及其耗散率分布云图如图 4-17 所示。

由图 4-17（a）可知，在喷头与喇叭口结合处的湍动能相对较高，在 0.01m²/s² 左右，有助于全尾砂料浆和稀释水的混合；同时，由图 4-17（b）可知，在喷头与喇叭口结合处的湍动能耗散率也相对较高，在 0.4m²/s³ 左右，说明湍动能在此处快速发展的同时也快耗散衰退。因此，全尾砂料浆和稀释水的混合作用主要发生在喷头与喇叭口结合处。

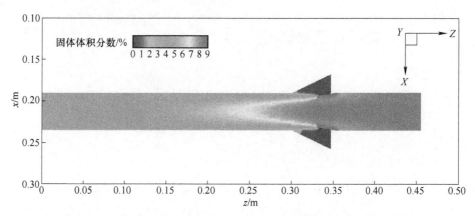

图 4-16　中试深锥浓密机的 E-DUC 的中心水平截面固体体积分数云图

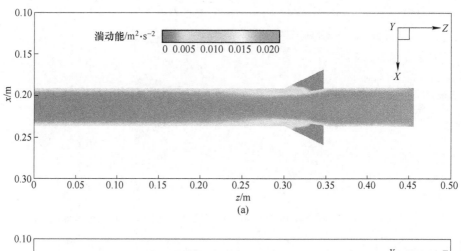

(a)

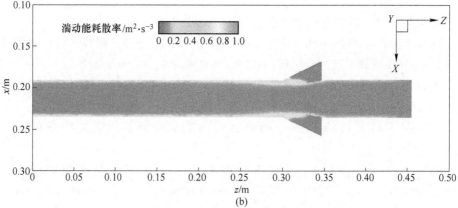

(b)

图 4-17　中试深锥浓密机的 E-DUC 的中心水平截面湍流特性分布云图

(a) 湍动能 k；(b) 湍动能耗散率 ε

4.4.2 给料井内速度场分析

给料井内的速度分布对给料井内全尾砂的絮凝沉降过程有重要影响，直接影响全尾砂絮团的聚合和破碎。同时，速度分布直接影响给料井内全尾砂料浆中固体体积分数的分布情况。为了更加直观地分析给料井内的速度分布，仅取 $y=514.5mm$ 水平截面、$y=400mm$ 水平截面、$y=200mm$ 水平截面和 $y=0$ 水平截面（出口）进行速度分析，在后面给料井内固体体积分数分布、湍流特性分析均以这几个面为代表进行分析。给料井内全尾砂料浆的速度场分布如图 4-18 所示。由图 4-18 可知，全尾砂料浆从 E-DUC 稀释系统进入混料槽后，速度逐渐降低，最后以较低的速度从出口进入深锥浓密机内的沉降区域。给料井内靠近中心传动轴处速度较低，在靠近给料井壁区域速度相对较高。

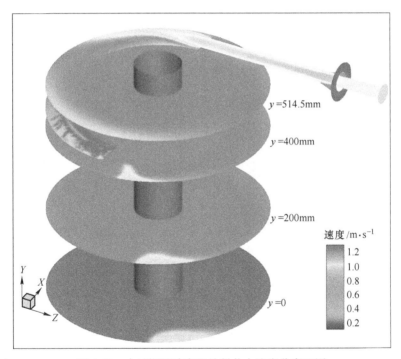

图 4-18　中试深锥浓密机给料井内速度分布云图

4.4.3 给料井内全尾砂料浆的固体体积分数分析

给料井内的浓度场衡量给料井混合效果的重要参数，给料井出口处浓度的均匀分布是充分利用深锥浓密机内的可用沉降区域的前提。中试深锥浓密机的给料井内全尾砂料浆的固体体积分数分布如图 4-19 和图 4-20 所示。

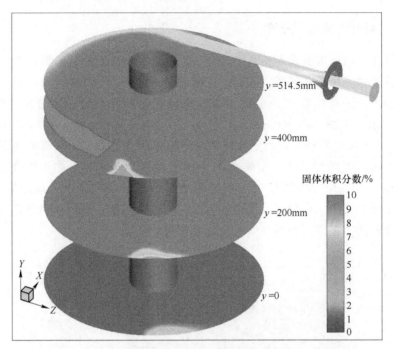

图 4-19 中试深锥浓密机的给料井内固体体积分数分布云图

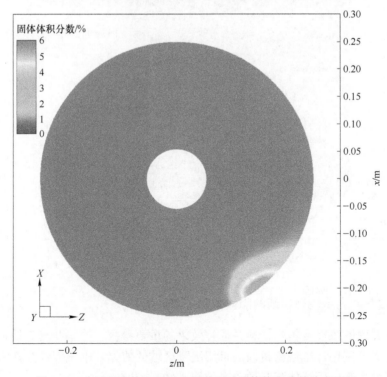

图 4-20 中试深锥浓密机的给料井出口固体体积分数分布云图

从图 4-19 可以看出，稀释的全尾砂料浆进入混料槽后，从 $y=514.5$mm 水平截面和混料槽底部的全尾砂料浆的固体体积分数可以看出，稀释的全尾砂料浆进入混料槽后由于重力的作用在混料槽的底部有一定的沉积。从混料槽进入后给料井后，全尾砂料浆沿着给料井壁螺旋向下运动，但是本节中全尾砂料浆的螺旋效果相对较差，主要在混料槽出口的垂直附近区域，并没有沿着给料井壁螺旋运动一周后才进入深锥浓密机的沉降区域。

从图 4-20 可以看出，在出口圆周上全尾砂料浆的固体体积分数基本都在 0~1%之间，而局部很高，达到了 6%，这将不利于全尾砂料浆在深锥浓密机内的沉降，说明此给料井参数还可以进一步优化。

为了对给料井出口圆周上全尾砂料浆的固体体积分数分布均匀度进行评价，在出口圆周的外边缘圆周上均匀取点进行均匀度分析。本书中取点间隔为 4°，设定圆周在 x 轴正方向的点为第一个点 0°，取点方向为逆时针方向，共计 90 个点。可得出口圆周上固体体积分数分布如图 4-21 所示。由图 4-21 可知，圆周上的最小固体体积分数为 0.006%，最大固体体积分数为 7.22%，统计值的平均固体体积分数为 0.45%，标准差为 1.47，因此可知出口圆周上全尾砂料浆的固体体积分数分布很不均匀。

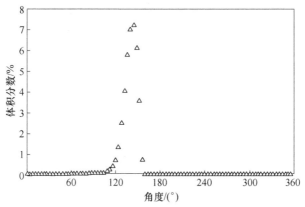

图 4-21　中试深锥浓密机给料井出口圆周上固体体积分数分布

给料井出口圆周上的全尾砂料浆的固体体积分数均匀度主要有两个方面的要求：一是尽可能多的区域有全尾砂料浆的固体体积分数，即固体体积分数大于 0；二是固体体积分数大于 0 的区域上固体体积分数尽量均匀。基于这两方面的要求，为了对出口圆周上全尾砂料浆的固体体积分数分布均匀度进行量化评价，本书根据在体积分数大于 0 的区域平均固体体积分数的±50%波动范围内的点数和总点数的比值建立均匀度指数模型，如式（4-18）所示。

$$Unif = 100\frac{count(>0)}{count_0} \times \frac{count(\pm 50\%)}{count(>0)} = 100\frac{count(\pm 50\%)}{count_0} \quad (4-18)$$

式中 $Unif$——给料井出口圆周上全尾砂料浆的固体体积分数均匀度指数
（后文中统一简称为"均匀度指数"），%；

$count(>0)$——圆周上固体体积分数大于 0 的点数；

$count_0$——根据取点规则所确定的总点数；

$count(\pm 50\%)$——固体体积分数大于 0 的区域在平均值 $\pm 50\%$ 范围内波动的点数。

本章中，全尾砂料浆的固体体积分数大于 0 的区域在平均值为 0.9392%，$count(\pm 50\%)$ 即为固体体积分数在 0.4696% ~ 1.4088% 之间的点数，由图 4-21 可知，$count(\pm 50\%) = 3$，而 $count_0 = 90$，因此根据式（4-18）可得本章中均匀度指数 $U_{nif} = 3.33\%$，均匀度相对较差，中试深锥浓密机的给料井参数还有待进一步优化。

4.4.4　给料井内湍流特性分析

给料井内的湍动能主要由速度梯度（剪切速率）产生，而根据第 2 章的研究可知，高分子絮凝剂与全尾砂的絮凝效果与流场内的剪切速率等因素密切相关，因此本节影响絮凝剂絮凝效果的一个关键因素是给料井内流体的湍动能强度。合适的湍动能强度能有效促进絮凝剂对全尾砂颗粒的吸附、颗粒的碰撞以及絮团的成长，而过高的湍流能强度会使流场剪切作用过强，破坏已成形的絮凝团，增加絮团破碎的概率。中试深锥浓密机的给料井内全尾砂料浆的湍动能及其耗散率分布如图 4-22（a）和（b）所示。

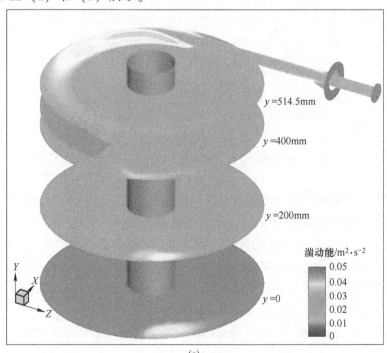

(a)

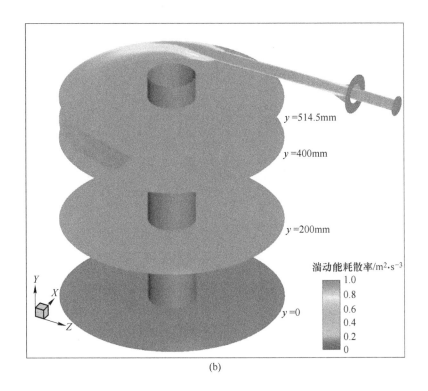

(b)

图 4-22　中试深锥浓密机的给料井内湍流特性分布云图

(a) 湍动能 k；(b) 湍动能耗散率 ε

　　由图 4-22 可知：混料槽内的湍动能相对较高，同时其耗散率也较高，说明在混料槽内湍动能快速发展的同时也快速衰退耗散，这将有助于絮凝剂与全尾砂的混合与絮凝；而从混料槽进入给料井后，湍动能及其耗散率均较低，这将有助于絮团的进一步生长而不至于在高剪切速率下被剪切破坏。

　　对混料槽内的湍流特性进行重点分析，混料槽内的湍动能及其耗散率分布分别如图 4-23 (a) 和 (b) 所示。

　　由图 4-23 可知，在全尾砂料浆刚进入混料槽时，其湍动能及其耗散率均快速增大，最大湍动能和最大湍动能耗散率分别在 $0.05\mathrm{m}^2/\mathrm{s}^2$、$1\mathrm{m}^2/\mathrm{s}^3$ 左右，此后逐渐降低，这对于全尾砂料浆和絮凝剂的快速混合较为有利，但是局部最大湍动能有可能会破坏絮团。

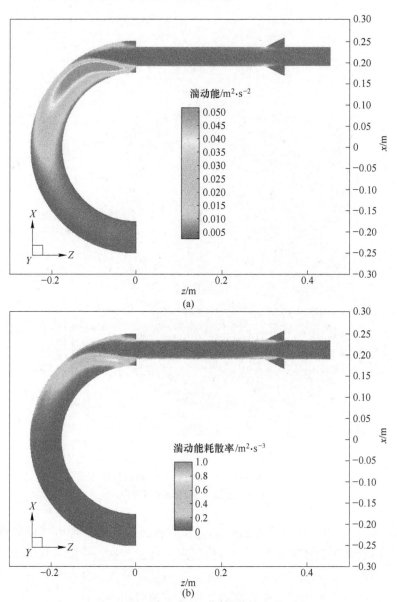

图 4-23 $y = 514.5$mm 水平截面湍流特性分布云图

（a）湍动能 k；（b）湍动能耗散率 ε

4.5 给料井内有效流动区域数值模拟分析

应用全尾砂在给料井内的停留时间来分析给料井内的有效流动区域。给料井停留时间是指全尾砂从进入给料井到离开给料井的时间间隔，用于表征反应给料井内全尾砂料浆的混合特性，同时也表征了给料井内有效流动区域的大小。如果全尾砂的停留时间小于理论平均停留时间，则说明给料井内存在全尾砂"短路"现象。同时，全尾砂在给料井内停留时间的大小对给料井的混合和絮凝剂的絮凝过程有较大的影响。准确地描述和模拟给料井内全尾砂的停留时间分布，对给料井的参数优化具有重要意义。

本书采用多物质模型（species transport model）对全尾砂在中试深锥浓密机的给料井内的停留时间进行模拟分析，采用全尾砂颗粒作为示踪剂，具体模拟过程如下：

（1）选用不带 E-DUC 稀释系统的给料井，模拟单相流水在给料井内的流动状态，采用 Realizable k-ε 湍流模型，时间步长设置为 0.5s，进行非稳态计算，在模拟流动 60s 后收敛达到稳定状态。

（2）打开多物质模型下的 species transport model，时间步长设置为 0.1s，在入口处边界条件设定全尾砂的质量分数为 1，进行非稳态计算，模拟时间为一个模拟步长 0.1s。此时需要增加全尾砂的质量组分方程，如式（4-19）所示。

$$\frac{\partial}{\partial t}(\rho Y_i) + \nabla \cdot (\rho \boldsymbol{v} Y_i) = -\nabla \cdot \bar{J}_i \tag{4-19}$$

式中　　Y_i——全尾砂质量组分；

　　　　$\bar{J}_i$——相对平均速度的质量扩散通量，如式（4-20）所示。

$$\bar{J}_i = -\left(\rho D_{i,k} + \frac{\mu_i}{Sc_i}\right)\nabla Y_i \tag{4-20}$$

式中　　$D_{i,k}$——组分 i 在组分 k 中的扩散系数；

　　　　Sc_i——施密特数，值为 0.7。

（3）在入口处边界条件设定全尾砂的质量分数为 0，时间步长设置为 0.5s，继续进行非稳态计算，在给料井出口处实时监测全尾砂的质量分数。由于出口处浓度分布不均，采用面积加权平均质量分数来表示全尾的质量分数，所得曲线如图 4-24 所示，在 660.1s 时质量分数为 2.31×10^{-12}，接近于 0。

因此，整个模拟过程中入口处的全尾砂固体质量分数如式（4-21）所示。

$$C_0(t) = \begin{cases} 0 & t \in (0, 60] \\ 1 & t \in (60, 60.1] \\ 0 & t \in (60.1, 660.1] \end{cases} \tag{4-21}$$

式中　　$C_0(t)$——入口处全尾砂固体质量分数。

　　　　t——模拟时间，s。

全尾砂在给料井内的停留时间分布是随机的，一般可用数学概率方法进行定量描述。因此，本书采用停留时间分布密度函数和停留时间分布函数来定量描述

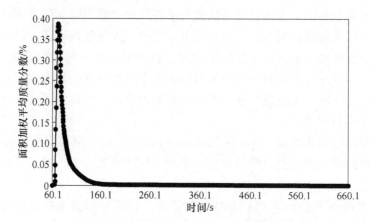

图 4-24　中试给料井出口全尾砂固体质量分数的停留时间分布曲线

物料在给料井内的停留时间分布。停留时间分布密度函数和停留时间分布函数分别如式 (4-22) 和式 (4-23) 所示。

$$E(t) = \frac{C(t)}{\int_0^\infty C(t)\,\mathrm{d}t} \tag{4-22}$$

$$F(t) = \int_0^t E(t)\,\mathrm{d}t \tag{4-23}$$

式中　$E(t)$ ——停留时间分布密度函数；

　　　$C(t)$ ——全尾砂固体质量分数的停留时间分布曲线；

　　　$F(t)$ ——停留时间分布函数。

$E(t)$ 的值介于 0~1 之间，具有归一化的性质，如式 (4-24) 所示。

$$\int_0^\infty E(t)\,\mathrm{d}t = 1 \tag{4-24}$$

实际平均停留时间 $\bar{t}$ 为停留时间分布函数的数学期望，如式 (4-25) 所示。

$$\bar{t} = \frac{\int_0^\infty tE(t)\,\mathrm{d}t}{\int_0^\infty E(t)\,\mathrm{d}t} = \int_0^\infty tE(t)\,\mathrm{d}t \tag{4-25}$$

式中　$\bar{t}$ ——实际平均停留时间，s。

根据图 4-24，可计算出全尾砂在给料井内的停留时间为 25.1s。

全尾砂在给料井内的理论平均停留时间如式 (4-26) 所示。

$$\bar{t_0} = \frac{V_{\text{feedwell}}}{Q_{\text{sus}}} \tag{4-26}$$

式中　$\bar{t_0}$ ——理论平均停留时间，s；

$V_{feedwell}$ ——给料井实际体积，m^3；

Q_{sus} ——给料流量，m^3/s。

在本书中，不带 E-DUC 稀释系统的给料井体积为 0.1065m^3，料浆给料流量为 0.0017m^3/s，因此理论平均停留时间约为 62.65s。

为了分析给料井内有效流动区域，根据停留时间可计算出有效流动区域的大小，用有效流动率表示，如式（4-27）所示。

$$V_e = \frac{\bar{t}}{\bar{t_0}} \tag{4-27}$$

式中 V_e ——给料井的有效流动率。

根据式（4-27）可计算出本书中不带 E-DUC 稀释系统的给料井的有效流动率为 40.06%，因此本书中给料井内有效流动区域较小、死区较大，结构有待优化。

同时，对于尺寸大小、几何结构不同的给料井，全尾砂的停留时间分布函数在时间轴上的分布差异巨大。为了便于对不同尺寸和不同条件的给料井进行对比分析，利用有效流动率对不同给料井进行对比分析。

4.6 给料井内全尾砂絮凝行为数值模拟分析

根据 4.3 节的模拟方案与数值求解方法，对 T^2PBM 模型的碰撞效率、碰撞频率、破碎频率和破碎函数分布分别应用进行编译，再通过 Fluent 软件的 UDFs 功能进行导入，实现本书所建立的 T^2PBM 与 CFD 的耦合，最后采用离散法来求解 T^2PBM，通过分析给料井内的全尾砂絮团尺寸的时空演化规律来分析给料井内全尾砂絮凝行为。根据前面分析可知全尾砂料浆在给料井内的平均实际停留时间为 25s，因此本节主要分析加载 T^2PBM 后 25~50s 内全尾砂絮团的时空分布规律。

4.6.1 给料井内全尾砂絮团尺寸分布时空演化规律

分别取中试深锥浓密机给料井的混料槽的出口、$y=400mm$ 水平截面、$y=200mm$ 水平截面和给料井出口四个面进行全尾砂絮团尺寸分布分析。在 25~50s 内，中试深锥浓密机的给料井内全尾砂絮团尺寸分布如图 4-25 所示。

由图 4-25 可知，在 25~50s 内，中试深锥浓密机的给料井内全尾砂絮团尺寸的分布不均匀。根据絮团尺寸部分可知，大絮团主要分布于混料槽内和混料槽出口下部的 1/4 给料井圆柱区域内，这与前面给料井内的全尾砂料浆的固体体积分数分布结果一致。同时，大絮团区域随着时间不断的增大，说明给料井内全尾砂絮团不断絮凝生长。

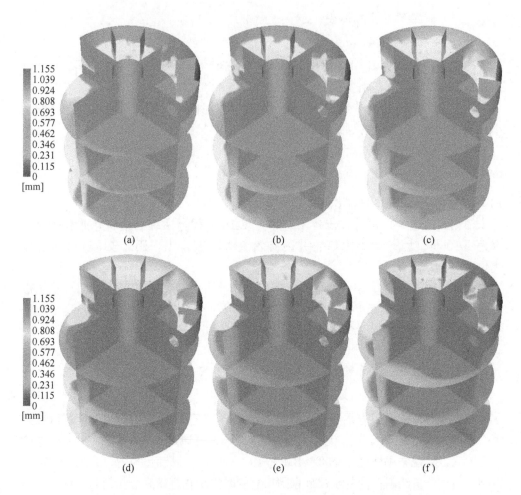

图 4-25 中试深锥浓密机的给料井内全尾砂絮团尺寸分布规律
（a）$t=25s$；（b）$t=30s$；（c）$t=35s$；（d）$t=40s$；（e）$t=45s$；（f）$t=50s$

中试深锥浓密机的混料槽内的全尾砂絮团尺寸分布规律如图 4-26 所示，可以看出，混料槽内絮团尺寸随着时间的而不断增大，同时混料槽内不同空间位置絮团尺寸不同，从入口到混料槽出口，全尾砂絮团尺寸也不断增大，说明混料槽的长度对全尾砂絮凝行为有显著的影响。

中试深锥浓密机的给料井出口絮团的尺寸分布随着时间也不断变化，如图 4-27 所示。在 25~50s 内，给料井出口大尺寸全尾砂絮团数量不断增多，分布范围也不断增大，分布范围由最开始主要集中于混料槽出口下方不断扩散到整个给料井出口，但是最大絮团仍然集中分布于混料槽出口下方。

为了对给料井内全尾砂絮团尺寸分布进行量化分析，分别作出中试深锥浓密

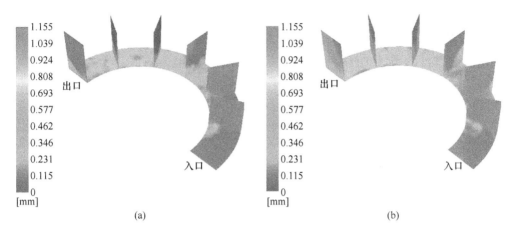

图 4-26　中试深锥浓密机的混料槽内全尾砂絮团尺寸分布规律

（a）$t=25s$；（b）$t=50s$

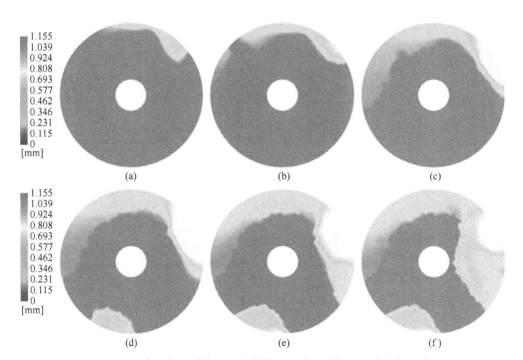

图 4-27　中试深锥浓密机的给料井出口全尾砂絮团尺寸分布规律

（a）$t=25s$；（b）$t=30s$；（c）$t=35s$；（d）$t=40s$；（e）$t=45s$；（f）$t=50s$

机的混料槽的出口、$y=400$mm 水平截面、$y=200$mm 水平截面和给料井出口这四个面的全尾砂絮团尺寸分布曲线，如图 4-28 所示。

从图 4-28 可看出，不同位置的大絮团数量均随着时间的增长而不断增大，说明给料井内不同位置一直有絮凝行为发生。由图 4-28（a）可知，30s 后混料槽出口全尾砂絮团尺寸分布曲线很接近，说明此后絮团尺寸变化不大。同时，由图 4-28（b）~（d）可看出，$y=400$mm 水平截面、$y=200$mm 水平截面和给料井出口的全尾砂絮团尺寸分别在 35s、35s 和 40s 之后近似达到稳定状态。

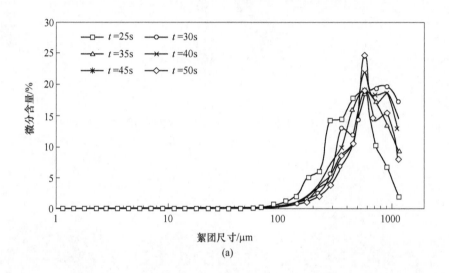

(a)

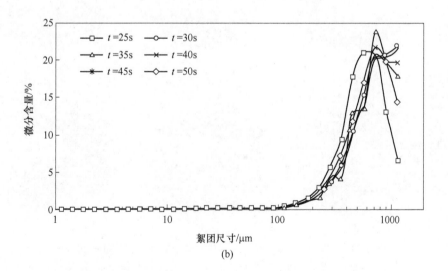

(b)

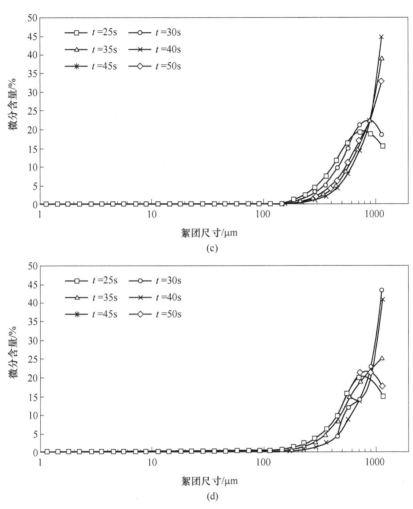

图 4-28 中试深锥浓密机的给料井内全尾砂絮团尺寸分布时空演化规律
（a）混料槽出口；（b）$y=500$mm 水平截面；（c）$y=200$mm 水平截面；（d）给料井出口

4.6.2 给料井内全尾砂絮团平均直径时空演化规律

为更直观地分析给料井内的全尾砂絮凝行为，应用索特平均直径来分析给料井内全尾砂絮团平均尺寸的时空演化规律。中试深锥浓密机的给料井内全尾砂絮团平均直径时空演化规律，如图 4-29 所示。由图 4-29 可知，在 25~50s 内，全尾砂絮团平均直径随着时间不断增加，说明中试深锥浓密机的给料井内不同位置的絮凝作用均比较明显。混料槽出口、$y=400$mm 水平截面、$y=200$mm 水平截面和给料井出口的絮团平均直径分别在 30s、35s、35s 和 40s 时基本达到了稳定水平。在 40s 时，中试深锥浓密机的给料井出口全尾砂絮团的索特平均直径（534μm）是初始时（5.22μm）的 102 倍，说明絮凝效果很好。

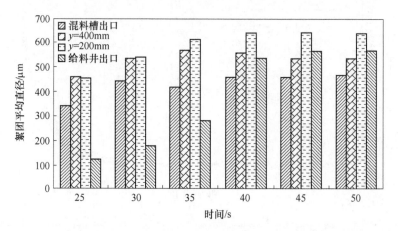

图 4-29　中试深锥浓密机的给料井内全尾砂絮团平均直径时空演化规律

　　同时，在中试深锥浓密机的给料井内的空间区域，从选取的四个平面进行全尾砂絮团尺寸空间演化规律分析。从混料槽出口到 $y=400mm$ 水平截面，全尾砂絮团平均直径有较大的增加；从 $y=400mm$ 水平截面到 $y=200mm$ 水平截面，这三个面全尾砂絮团平均直径增加不明显；而从 $y=200mm$ 水平截面到给料井出口（$y=0$），全尾砂絮团平均直径却又显著减小。在给料井的垂直深度上，全尾砂絮团平均直径随着深度的增加先增大后减小，在 $y=200mm$ 左右取得最大值。说明中试深锥浓密机的给料井内，全尾砂絮团不仅仅存在较强的絮凝聚并行为，同时还存在显著的破碎行为，特别是在 $y=0\sim200mm$ 范围内破碎行为特别显著，并且也说明给料井的高度对全尾砂的絮凝行为有显著的影响。这是因为从图 4-22（a）和（b）可知，在 $y=0\sim200mm$ 范围内湍动能相对较高而耗散率却相对较低，因此会对絮团产生破碎作用。同时，根据混料槽出口全尾砂絮团的平均直径和进入给料井后的平均直径比较分析可知，全尾砂的絮凝作用可近似认为主要发生在混料槽内。

4.6.3　给料井出口-10μm 累积含量变化规律

　　研究表明，-10μm 絮团或颗粒难于沉降，因此容易影响溢流水浊度[135,136]。因此，本节对全尾砂絮凝过程中，中试深锥浓密机的给料井出口-10μm 累积含量进行分析。1~50s 内中试深锥浓密机的给料井出口-10μm 累积含量变化如图 4-30 所示。由图 4-30 可知，随着全尾砂絮凝过程的进行，-10μm 累积含量显著降低，由 10s 时的 29.3% 降低到 0.14%，说明絮凝作用显著，这也与 4.1 节全尾砂絮凝行为物理模拟中溢流水清澈一致。

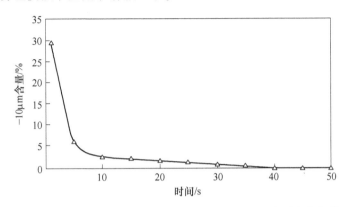

图 4-30　中试深锥浓密机的给料井出口 $-10\mu m$ 累积含量变化规律

4.7　本章小结

本章采用物理模拟和数值模拟的方法对给料井内全尾砂的絮凝沉降行为进行了模拟研究。分析了中试深锥浓密机给料井内的速度场、浓度场、湍流特性、有效流动区域，并将 CFD 与 T²PBM 进行耦合求解，研究了给料井内全尾砂絮团尺寸分布的时空演化规律。取得主要结论如下：

（1）应用中试深锥浓密机进行了全尾砂絮凝行为的物理模拟，所得溢流水浊度均在 0.02% 以下，给料井内全尾砂絮凝效果较好。给料流量对溢流水浊度有显著影响，浊度曲线的"波峰"基本都出现在给料流量曲线的"波峰"或"波谷"的位置，说明给料流量过高或过低时，溢流水的浊度都较高。

（2）固体体积分数为 8.22% 的全尾砂料浆以 0.836m/s 进入 E-DUC 稀释系统，稀释后的全尾砂料浆的流速为 1.07m/s、固体体积分数为 6.94%，稀释水流量 1.1146m³/h，为全尾砂料浆流量的 22.29%，稀释后固体体积分数相对降低 15.57%，具有一定的稀释效果。

（3）建立了给料井出口圆周上全尾砂料浆的固体体积分数均匀度的量化评价模型-均匀度指数，发现在中试深锥浓密机的均匀度指数仅为 3.33%，均匀度较差，需要进一步优化。

（4）应用全尾砂在给料井内的停留时间来分析给料井内的有效流动区域，全尾砂在给料井内的实际停留时间为 25.1s、理论平均停留时间为 62.65s，计算出有效流动率为 40.06%，因此给中试深锥浓密机的料井内有效流动区域较小、死区较大，结构有待优化。

（5）分析了给料井内全尾砂絮团尺寸的时空演化规律，给料井内不同位置的大絮团数量均随着时间的增长而不断增大，说明给料井内不同位置一直有絮凝行为发生；在给料井的垂直深度上，全尾砂絮团平均直径随着深度的增加先增大后减小，说明中试深锥浓密机的给料井全尾砂絮团不仅仅存在较强的絮凝聚并行为，同时还存在显著的破碎行为，特别是在 $y = 0 \sim 200\mathrm{mm}$ 范围内破碎行为特别显著。

（6）随着全尾砂絮凝过程的进行，中试深锥浓密机的给料井出口全尾砂絮团的平均直径不断增加，$-10\mu\mathrm{m}$ 累积含量显著降低，平均直径为 $534\mu\mathrm{m}$，是初始时的 102 倍；$-10\mu\mathrm{m}$ 累积含量由 10s 时的 29.3% 降低到 0.14%，说明絮凝效果很好。

5 基于全尾砂絮凝行为的
给料井工艺参数优化

较低的全尾砂料浆的固体体积分数有助于提高全尾砂絮凝效果，而根据第4章的研究E-DUC稀释系统的稀释效果仍有待改善。同时，稀释后的全尾砂料浆进入给料井后，与絮凝剂不断混合、絮凝，形成尺寸较大、沉降速度更快的絮团，但是发现给料井的有效流动率偏小，出口处全尾砂料浆的固体体积分数分布不均。

因此本章首先以稀释水吸入量和稀释前全尾砂的流量比为指标进行E-DUC稀释系统的结构参数优化；再综合考虑给料井的布料效果与絮凝效果，以给料井出口的全尾砂絮团平均直径、给料井出口圆周上的均匀度指数和给料井的有效流动率为全尾砂絮凝行为评价指标，分析了给料速度、给料井直径、给料井高度、环形挡板的宽度、螺旋混料槽的螺旋角度对絮凝效果和布料效果的影响；再应用正交试验设计分别以絮凝效果和布料效果为目标进行参数模拟优化；最后基于全尾砂絮凝行为，应用BP神经网络结合总评归一值模型对给料井进行基于全尾砂絮凝行为的多参数多目标优化。

5.1 影响给料井内全尾砂絮凝行为的工艺参数分析

根据第2章的实验研究可知，絮凝剂种类、絮凝剂单耗、絮凝剂溶液浓度、全尾砂料浆的固体体积分数（或质量分数）以及流场剪切速率等都对全尾砂絮凝行为有显著的影响。同时，絮凝时间对絮凝效果也有较大的影响，全尾砂絮团的尺寸随着絮凝时间不断变化。而在实际生产工业应用中，深锥浓密机给料井内的全尾砂絮凝和室内实验的全尾砂絮凝有一定区别，如经E-DUC稀释后的全尾砂料浆的固体体积分数仍然较高、给料井内的流场剪切速率不断变化、全尾砂料浆在给料井内的停留时间不稳定，而这主要受到给料井结构与给料工艺参数的影响。同时，有研究表明[137]，在给料井出口增加环形挡板有助于提高全尾砂在给料井内的实际停留时间，从而改善絮凝效果。

因此，本节主要分析给料井的结构和给料速度等工艺参数对全尾砂絮凝行为的影响。结构参数包括给料井直径、给料井高度、环形挡板的宽度、螺旋混料槽的螺旋角度等。根据第4章的内容，评价指标主要分为两大类，即全尾砂絮凝效果（出口处絮团的平均直径和-10μm 絮团/颗粒含量）和给料井布料效果（出口圆周上的均匀度指数和给料井的有效流动率）。

为了控制模拟工况数量，在第 4 章模拟研究的基础上，分别改变上述五个参数进行因素分析研究，并且每个参数只取三个值，具体模拟方案设计如表 5-1 所示，其中 No. 1 模拟即为第 4 章中的模拟方案。

表 5-1 给料井参数影响分析数值模拟方案设计

模拟编号	给料速度 $P_1/\mathrm{m \cdot s^{-1}}$	螺旋角度 $P_2/(\degree)$	给料井高 P_3/mm	环形挡板宽度 P_4/mm	给料井直径 P_5/mm
No. 1	1	180	570	0	500
No. 2	2.5	180	570	0	500
No. 3	4	180	570	0	500
No. 4	1	135	570	0	500
No. 5	1	225	570	0	500
No. 6	1	180	300	0	500
No. 7	1	180	700	0	500
No. 8	1	180	570	30	500
No. 9	1	180	570	60	500
No. 10	1	180	570	0	700
No. 11	1	180	570	0	900

5.1.1 工艺参数对全尾砂絮凝效果的影响

根据表 5-1 中模拟方案，分别进行不同工况下给料井内全尾砂絮凝行为模拟研究，所得给料井出口全尾砂絮团尺寸分布如图 5-1 所示。

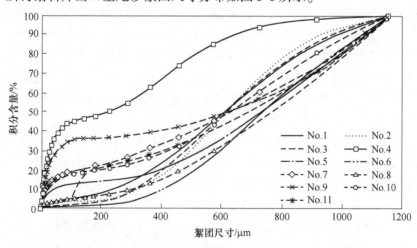

图 5-1 不同工艺参数对给料井出口全尾砂絮团尺寸分布的影响

　　根据图5-1，可计算出不同模拟方案中给料井出口全尾砂絮团的平均直径和-10μm累积含量，如图5-2所示。由图5-2可知，不同条件下，平均直径和-10μm累积含量变化较大，说明给料速度、给料井直径、给料井高度、环形挡板的宽度和螺旋混料槽角度等工艺参数对给料井内的全尾砂絮凝影响显著。同时各模拟方案和No.1方案相比可知，全尾砂絮团平均直径随着各参数变化的趋势与-10μm累积含量变化趋势相反，即平均直径增大时，-10μm累积含量显著降低。

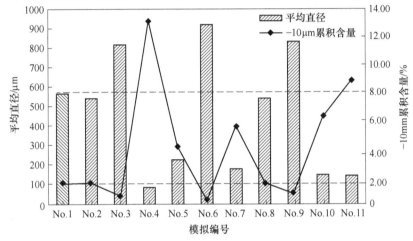

图5-2　不同工艺参数对全尾砂絮团平均直径与-10μm累积含量的影响

　　为了进一步分析各参数对全尾砂絮凝行为的影响，根据图5-2绘制各个因素影响下的絮团平均直径和-10μm累积含量图，如图5-3所示。

　　由图5-3可看出，絮团平均直径和-10μm累积含量随着各参数的变化趋势明显相反。由图5-3（a）可知，在给料速度为1~2.5m/s之间时，平均直径和-10μm累积含量变化不大，而当速度由2.5m/s上升到4m/s时，平均直径显著增大而-10μm累积含量显著减小，此时速度对絮凝行为影响显著。由图5-3（b）可知，在螺旋角度为135°~225°时，絮凝效果随着螺旋角度的增大而先升高后降低。由图5-3（c）、图5-3（e）可知，絮凝效果随着给料井直径和高度的增加均不断降低。而由图5-3（d）可知，当环形挡板的宽度由30mm增加到60mm时，絮凝效果有显著的提升。同时，需要说明的是，上述各参数对絮凝效果的影响规律是建立在其他参数不变的情况下，只是适用于特定的情况，不能代表普遍情况，如图5-3（a）中给料速度为1~2.5m/s之间时和图5-3（d）中环形挡板的宽度为0~30mm时絮凝效果变化不明显，有可能是其他参数如给料速度、给料井高度对絮凝效果的影响太大，导致在此范围内给料速度和挡板宽度对絮凝效果的影响作用不明显。图5-3初步说明了各参数对絮凝效果有显著的影响，而对于各参数对全尾砂絮凝效果的具体影响规律将在下一节中具体讨论分析。

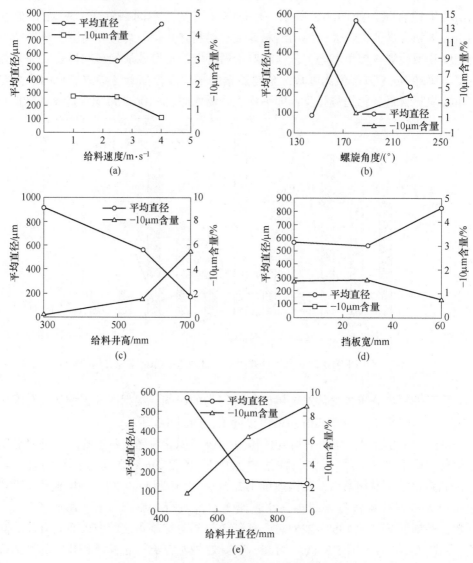

图 5-3   不同工艺参数对全尾砂絮凝效果的影响

（a）不同给料速度；（b）不同螺旋角度；（c）不同给料井高度；
（d）不同环形挡板宽度；（e）不同给料井直径

5.1.2   工艺参数对给料井布料效果的影响

不同模拟方案中全尾砂固体质量分数的停留时间分布曲线和给料井出口全尾砂料浆的固体体积分数分布分别如图 5-4 和图 5-5 所示。根据第 4 章中给料井的有效流动率和出口圆周上的均匀度指数的计算方法，可分别计算出不同模拟方案的给料井的有效流动率和均匀度指数，如图 5-6 所示。

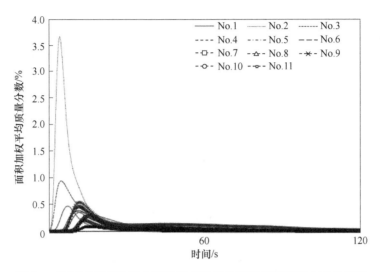

图 5-4 不同工艺参数对全尾砂固体质量分数的停留时间分布的影响

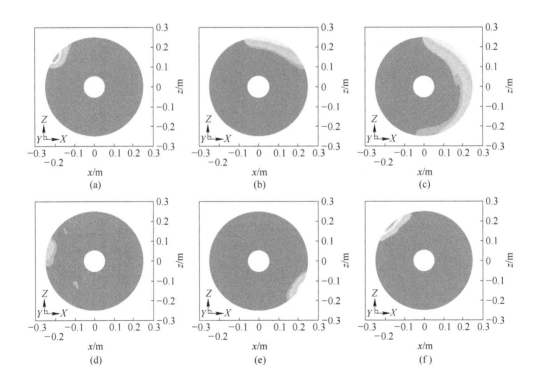

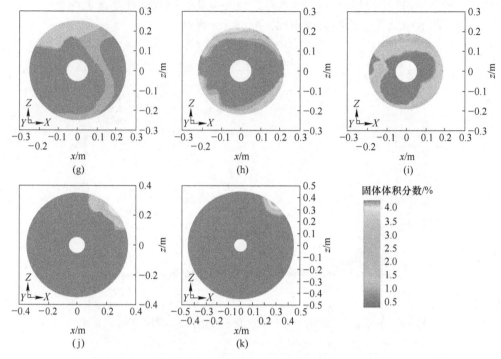

图 5-5　不同工艺参数对给料井出口固体体积分数分布的影响

(a) No. 1；(b) No. 2；(c) No. 3；(d) No. 4；(e) No. 5；(f) No. 6；
(g) No. 7；(h) No. 8；(i) No. 9；(j) No. 10；(k) No. 11

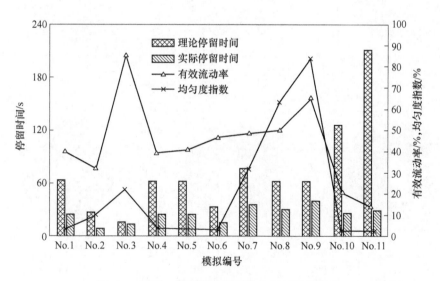

图 5-6　不同工艺参数对给料井布料效果的影响

由图 5-6 可看出，各个参数对给料井内的布料有显著的影响，可以发现不同工艺参数条件下，有效流动率的变化趋势与均匀度指数的变化趋势相似。同时，从图 5-5（a）～（c）和图 5-6 可看出增大给料速度可明显改善均匀度指数和有效流动率，这是因为给料速度越大，全尾砂料浆在给料井内的螺旋运动效果越好。从图 5-5（a）、图 5-5（h）、图 5-5（i）和图 5-6 可看出在给料井出口圆周上处设置环形挡板也将明显增加均匀度指数和有效流动率，这是因为增加环形挡板后，全尾砂颗粒沿着给料井筒壁螺旋运动后不能从给料井出口直接进入深锥浓密机内的沉降区域，受到环形挡板的阻挡作用，全尾砂颗粒将在挡板上"反弹"回到给料井内的上部区域重新再从挡板与出口的连接区域进入深锥浓密机，增加了全尾砂颗粒在给料井内的实际停留时间，从而增加了给料井的有效流动率。

综上可知，各个工艺参数对给料井内全尾砂絮凝效果和给料井布料效果均有显著的影响，需要进一步分析各参数对给料井作用效果的影响规律，并对参数进行优化。

5.2　E-DUC 稀释系统工艺参数模拟优化

根据第 2 章的内容可知，全尾砂料浆中固体体积分数对全尾砂的絮凝有显著的影响。在本节中不再研究固体体积分数对深锥浓密机给料井内的全尾砂絮凝行为的研究，而是对 E-DUC 稀释系统的工艺参数进行模拟优化，以使得进入给料井内的全尾砂料浆的固体体积分数尽可能低，从而获得较好的絮凝效果。

E-DUC 稀释系统结构如图 4-10 所示，其稀释原理类似于射流泵的卷吸原理。射流泵的最关键参数是面积比，即喷头出口的面积和喇叭口管的面积之比，因此本书首先要分析喷头出口直径 D_2 和喇叭口管直径 D_1 的比值（直径比）对稀释效果的影响。同时，考虑不同给料速度条件下，喇叭口角度 ω 和喷头出口距离喇叭口的距离 L（喉嘴距）的影响。

5.2.1　模拟优化方案

为了对不同工况条件下的 E-DUC 稀释系统的稀释效果进行量化评价，本节自定义评价指标为流量比，即稀释水流量与稀释前全尾砂流量，如式（5-1）所示。

$$r_Q = 100 \frac{Q_w}{Q_{sus0}} \tag{5-1}$$

式中　r_Q ——流量比，%；

　　　Q_w ——稀释水流量，m^3/h；

Q_{sus0}——稀释前全尾砂料浆流量，m^3/h。

本节固定喇叭口管的直径为 46mm，稀释前全尾砂料浆的固体体积分数为 8.22%。重点研究的参数为给料速度 v、直径比 r_D、喉嘴距 L 和喇叭口角度 ω。喉嘴距 L 用相对值 r_L 表示，即喉嘴距 L 与喇叭口管的直径的比值。各个参数的取值范围如下：给料速度 v，0.8~3.2m/s；直径比 r_D，0.4~0.9；喉嘴距 r_L，0.4~1；喇叭口角度 ω，10°~40°。采用四因素四水平正交试验设计表 $L_{16}(4^4)$ 进行模拟方案设计，如表 5-2 所示。

表 5-2　基于正交试验的 E-DUC 工艺参数优化模拟方案

模拟编号	给料速度 $v/m \cdot s^{-1}$	直径比 r_D	喉嘴距 r_L	喇叭口角度 $\omega/(°)$
$Run_e 1$	1 (0.8)	1 (0.4)	1 (0.4)	1 (10)
$Run_e 2$	1	2 (0.6)	2 (0.6)	2 (20)
$Run_e 3$	1	3 (0.8)	3 (0.8)	3 (30)
$Run_e 4$	1	4 (0.9)	4 (1)	4 (40)
$Run_e 5$	2 (1.6)	1	2	3
$Run_e 6$	2	2	1	4
$Run_e 7$	2	3	4	1
$Run_e 8$	2	4	3	2
$Run_e 9$	3 (2.4)	1	3	4
$Run_e 10$	3	2	4	3
$Run_e 11$	3	3	1	2
$Run_e 12$	3	4	2	1
$Run_e 13$	4 (3.2)	1	4	2
$Run_e 14$	4	2	3	1
$Run_e 15$	4	3	2	4
$Run_e 16$	4	4	1	3

5.2.2　模拟优化结果

根据表 5-2 中模拟方案，所得不同 E-DUC 稀释系统的纵剖面上速度分布云图和全尾砂料浆的固体体积分数分布云图分别如图 5-7 和图 5-8 所示。

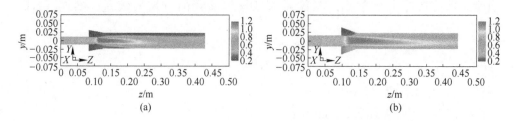

(a)   (b)

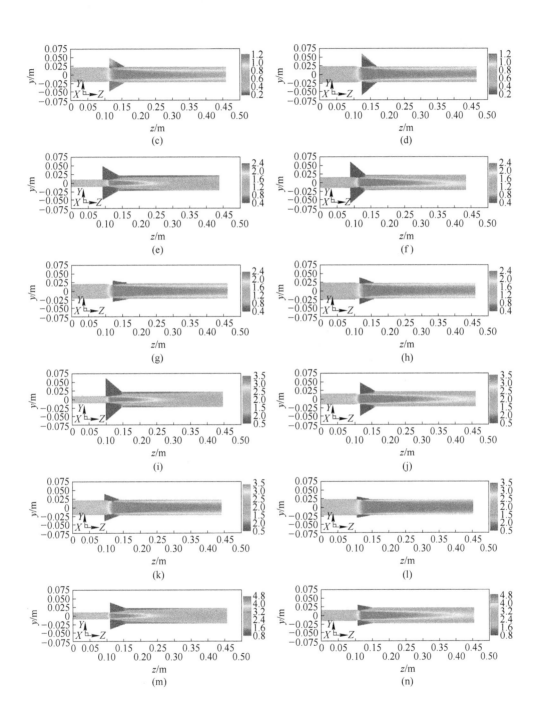

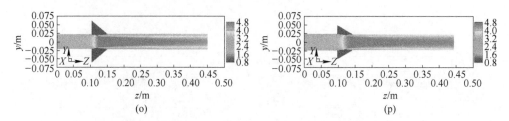

(o)　　　　　　　　　　　　　　　　(p)

图 5-7　不同 E-DUC 稀释系统的纵剖面速度分布云图

（a）Run_e1；（b）Run_e2；（c）Run_e3；（d）Run_e4；（e）Run_e5；（f）Run_e6；

（g）Run_e7；（h）Run_e8；（i）Run_e9；（j）Run_e10；（k）Run_e11；（l）Run_e12；

（m）Run_e13；（n）Run_e14；（o）Run_e15；（p）Run_e16

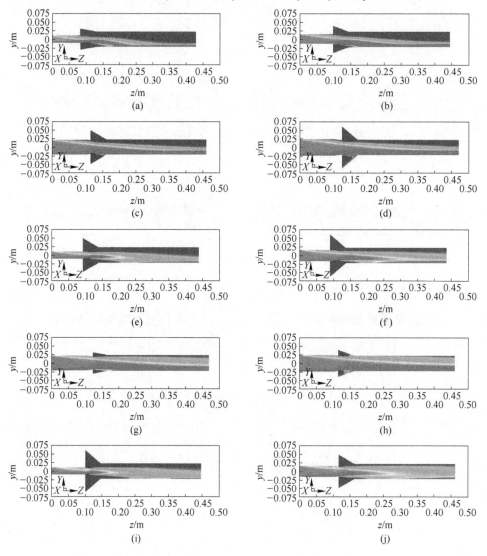

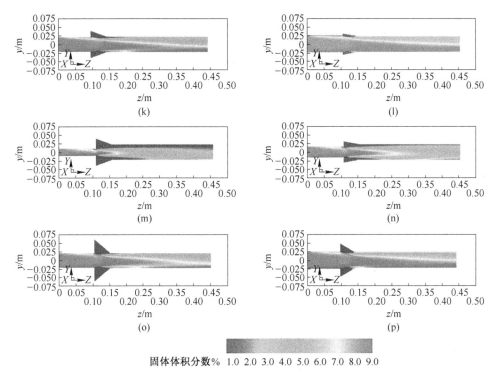

固体体积分数% 1.0 2.0 3.0 4.0 5.0 6.0 7.0 8.0 9.0

图 5-8　不同 E-DUC 稀释系统的纵剖面固体体积分数分布云图

（a）Run_e1；（b）Run_e2；（c）Run_e3；（d）Run_e4；（e）Run_e5；（f）Run_e6；

（g）Run_e7；（h）Run_e8；（i）Run_e9；（j）Run_e10；（k）Run_e11；（l）Run_e12；

（m）Run_e13；（n）Run_e14；（o）Run_e15；（p）Run_e16

　　由图 5-7 和图 5-8 可看出，不同结构的 E-DUC 稀释系统，在不同的给料速度条件下，稀释后的料浆的固体体积分数均有不同程度的降低，E-DUC 内部的速度分布和全尾砂料浆的固体体积分数分布具有显著差异。对这种差异进行量化统计分析，所得结果如表 5-3 所示。

表 5-3　不同工艺参数条件下的 E-DUC 稀释效果

模拟编号	给料速度 $v/m \cdot s^{-1}$	流量比 r_Q	固体体积分数 相对降低量/%	稀释后全尾砂料浆 流速/$m \cdot s^{-1}$
Run_e1	0.8	0.207	17.15	1.051
Run_e2	0.8	1.745	63.57	0.476
Run_e3	0.8	0.781	43.84	0.718
Run_e4	0.8	0.271	21.35	0.927
Run_e5	1.6	0.060	5.69	0.964
Run_e6	1.6	1.884	65.32	0.999

模拟编号	给料速度 $v/\text{m} \cdot \text{s}^{-1}$	流量比 r_Q	固体体积分数相对降低量/%	稀释后全尾砂料浆流速/$\text{m} \cdot \text{s}^{-1}$
Run_e7	1.6	0.816	44.94	1.466
Run_e8	1.6	0.286	22.23	1.876
Run_e9	2.4	0.089	8.20	1.981
Run_e10	2.4	1.876	65.23	1.495
Run_e11	2.4	0.814	44.88	2.196
Run_e12	2.4	0.677	40.38	1.653
Run_e13	3.2	0.112	10.07	3.033
Run_e14	3.2	1.913	65.67	2.018
Run_e15	3.2	0.835	45.52	2.962
Run_e16	3.2	0.305	23.39	3.808

从表 5-3 可看出，不同工艺参数条件下，经过 E-DUC 稀释系统稀释后，流量比在 0.06~1.91 之间，说明均有稀释水被吸入，导致全尾砂料浆的固体体积分数相对降低 5.69%~65.32%。需要注意流量比特别低的 Run_e5 和 Run_e9，稀释效果较差，在模拟中出现尾砂颗粒从喇叭口"倒流"进入稀释水中，这与图 4-7 中所示的"返混"现象相似，不利于全尾砂的絮凝沉降。同时，因 E-DUC 有直径逐渐缩小的喷头，使得全尾砂料浆的流速从经过喷头后速度明显增加；但是经过喇叭口吸入稀释水后，流速也会发生变化；因此稀释后的全尾砂料浆流速和给料速度相比，有的增高而有的则降低。

对各参数对评价指标流量比 r_Q 的影响规律进行详细分析。

首先进行流量比的主效应分析，如图 5-9 所示。由图 5-9 可知，直径比对流量比的影响非常显著，当直径比增大时，流量比显著降低；这是因为直径比增大意味着喷头出口的直径越接近于喇叭口管的直径，此时吸入稀释水的能力较少。同时，可看出流量比随着给料速度和喇叭口角度均是先增大后不断减小，而随着喉嘴距逐渐降低直至稳定。

然后对各参数间的交互作用进行分析，如图 5-10 所示。由图 5-10 可知，因为交互作用图中的平行线表示不存在交互作用。直径比分别与给料速度、喉嘴距和喇叭口角度三个参数的交互作用图中线与线之间的斜率差别不大，可近似说明直径比与其他三个参数之间的交互作用不强。而其他三个参数之间的交互作用程度均很高。

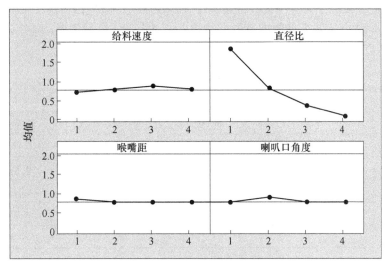

图 5-9　流量比的主效应分析

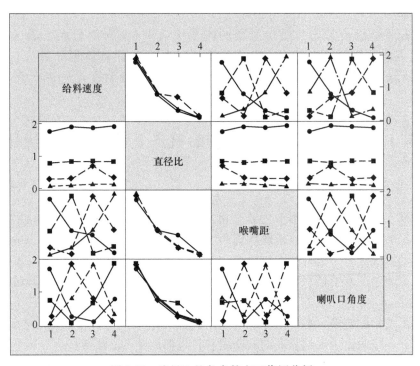

图 5-10　流量比的各参数交互作用分析

最后进行极差分析，根据各个参数每个水平所对应的流量比平均值的最大值
与最小值的差值即可计算出极差，然后根据每个参数的极差大小对各参数重要性

进行排序。极差分析结果如表 5-4 所示。由表 5-4 可知，直径比的极差最大，喉嘴距的极差最小，各个参数的重要性排序为：直径比>给料速度>喇叭口角度>喉嘴距。

表 5-4   流量比的极差分析

水平	给料速度	直径比	喉嘴距	喇叭口角度
1	0.71438	1.85448	0.83897	0.74454
2	0.76881	0.81166	0.77042	0.86507
3	0.86989	0.38497	0.76812	0.77166
4	0.79276	0.09473	0.76832	0.76456
极差	0.15551	1.75975	0.07085	0.12053
排秩	2	1	4	3

综合极差分析和主效应分析，在模拟方案的各参数取值范围内，确定最优组合为 B1A3D2C1，即直径比为 0.4、给料速度为 3.2m/s、喇叭口角度为 20°、喉嘴距比值为 0.4。

根据最优组合方案，模拟所得的流量比为 1.937，明显大于表 5-3 中不同工艺参数条件下的流量比，稀释后全尾砂料浆的固体体积分数为 2.80%，相比稀释前相对降低了 65.95%，稀释效果更好，说明优化所得工艺参数效果很好。

5.3   基于正交试验设计的给料井工艺参数模拟优化

5.3.1   模拟优化方案

根据 5.1 节的研究，本节主要分析对给料速度、给料井直径、给料井高度、环形挡板的宽度、螺旋混料槽的螺旋角度等工艺参数进行优化研究，以获得最优的全尾砂絮凝效果与给料井布料效果。给料井高度采用高径比即给料井高度与直径的比值表示，环形挡板的宽度采用宽径比即挡板的宽度与给料井直径的比值表示。

因工艺参数较多，本节同样采用正交试验设计对给料井工艺参数进行模拟优化研究。本节假设进入给料井内的全尾砂料浆都是经过足够稀释后的稀释全尾砂料浆，设定其固体体积分数为 3.83%，即固体质量分数为 10%。给料井高 P_1 的范围是 500~1100mm，高径比 P_2 的范围是 0.4~1.45，宽径比 P_3 的范围是 0~0.12，螺旋角度 P_4 的范围是 135°~225°，给料速度的范围是 1~4m/s。采用五因素四水平正交试验设计表 $L_{16}(4^5)$ 进行模拟方案设计，如表 5-5 所示。相关尺寸参数以第 4 章中中试深锥浓密机给料井的尺寸为参考。

表 5-5　基于正交试验的给料井工艺参数优化模拟方案

模拟编号	给料井直径 P_1/mm	高径比 P_2	宽径比 P_3	螺旋角度 P_4/(°)	给料速度 P_5/m·s^{-1}
Run$_f$1	1（500）	1（0.40）	1（0）	1（135）	1（1）
Run$_f$2	1	2（0.75）	2（0.04）	2（165）	2（2）
Run$_f$3	1	3（1.10）	3（0.08）	3（195）	3（3）
Run$_f$4	1	4（1.45）	4（0.12）	4（225）	4（4）
Run$_f$5	2（700）	1	2	3	4
Run$_f$6	2	2	1	4	3
Run$_f$7	2	3	4	1	2
Run$_f$8	2	4	3	2	1
Run$_f$9	3（900）	1	3	4	2
Run$_f$10	3	2	4	3	1
Run$_f$11	3	3	1	2	4
Run$_f$12	3	4	2	1	3
Run$_f$13	4（1100）	1	4	2	3
Run$_f$14	4	2	3	1	4
Run$_f$15	4	3	2	4	1
Run$_f$16	4	4	1	3	2

5.3.2　基于全尾砂絮凝效果的工艺参数优化

根据表 5-5 中的模拟方案，依次完成给料井的建模与数值模拟，不同模拟方案所得的给料井出口全尾砂絮团平均直径和−10μm 累积含量如图 5-11 所示。由图 5-11 可知，不同模拟优化方案所得的全尾砂絮团平均直径和−10μm 累积含量差异很大。需要分别以全尾砂絮团平均直径和−10μm 累积含量为评价指标进行详细分析。

首先分别进行评价指标的主效应分析和各个参数之间的交互作用分析，所得结果分别如图 5-12 和图 5-13 所示。根据图 5-11、图 5-12，结合前面的图 5-2 和图 5-3 可看出，絮团平均直径随着各参数的变化趋势与−10μm 累积含量明显相反，说明絮凝过程中不仅仅是粗颗粒尾砂快速絮凝形成了絮团，细颗粒尾砂也快速絮凝，粗颗粒和细颗粒一起共同形成了全尾砂絮团。同时根据图 5-13 可看出，各参数的交互作用非常明显。

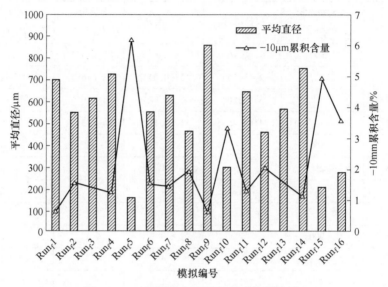

图 5-11　不同模拟方案的全尾砂絮凝效果

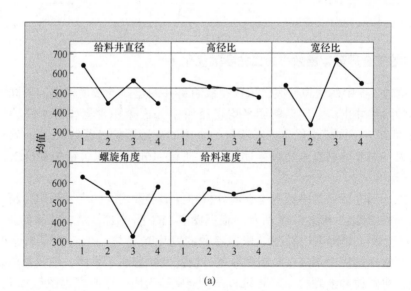

(a)

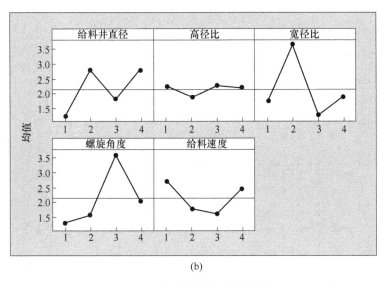

(b)

图 5-12 絮凝效果的主效应图

（a）平均直径；（b）-10μm 累积含量

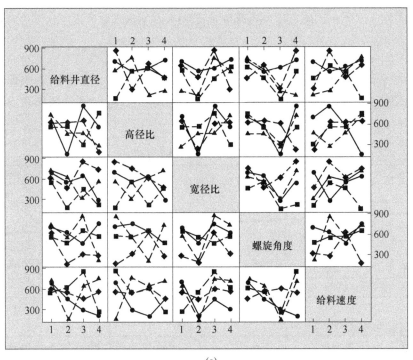

(a)

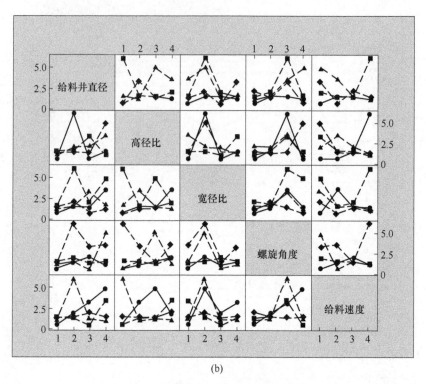

(b)

图 5-13　絮凝效果的各参数交互作用分析

(a) 平均直径；(b) -10μm 累积含量

　　再进行极差分析确定各参数对絮凝效果影响的重要性，分别以平均直径的最大值和-10μm 累积含量的最小值为目标进行分析，所得结果分别如表 5-6 和表 5-7所示。

表 5-6　平均直径的极差分析

水平	给料井直径	高径比	宽径比	螺旋角度	给料速度
1	645.6	568.9	541.5	633.3	415.6
2	447.8	575.6	340.7	554.1	575.9
3	564.6	521.8	671.0	333.6	545.5
4	447.4	479.0	552.1	584.4	568.4
极差	198.2	89.9	330.3	299.7	160.3
排秩	3	5	1	2	4

表 5-7　-10μm 累积含量的极差分析

水平	给料井直径	高径比	宽径比	螺旋角度	给料速度
1	1.202	2.247	1.756	1.315	2.718

水平	给料井直径	高径比	宽径比	螺旋角度	给料速度
2	2.781	1.876	3.681	1.594	1.805
3	1.831	2.272	1.276	3.630	1.628
4	2.795	2.215	1.897	2.071	2.459
极差	1.592	0.396	2.404	2.315	1.090
排秩	3	5	1	2	4

根据极差分析，各个参数对平均直径和−10μm累积含量的重要性排序均为宽径比>螺旋角度>给料井直径>给料速度>高径比。综合极差分析和主效应分析，在模拟方案的各参数取值范围内，针对平均直径和−10μm累积含量确定最优组合均为C3D1A1E3B2。可发现五个参数对平均直径和−10μm累积含量影响相似，因此可近似地用絮团平均直径代替平均直径和−10μm累积含量这两个评价指标来评价絮凝效果。

5.3.3 基于给料井布料效果的工艺参数优化

不同模拟方案所得全尾砂固体质量分数的停留时间分布曲线和给料井出口全尾砂料浆的固体体积分数分布分别如图5-14和图5-15所示。根据第4章中给料井的有效流动率和均匀度指数的计算方法，可分别计算出给料井的有效流动率和均匀度指数，如图5-16所示。

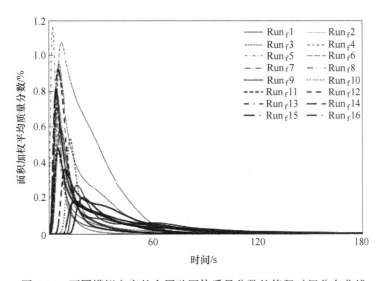

图 5-14　不同模拟方案的全尾砂固体质量分数的停留时间分布曲线

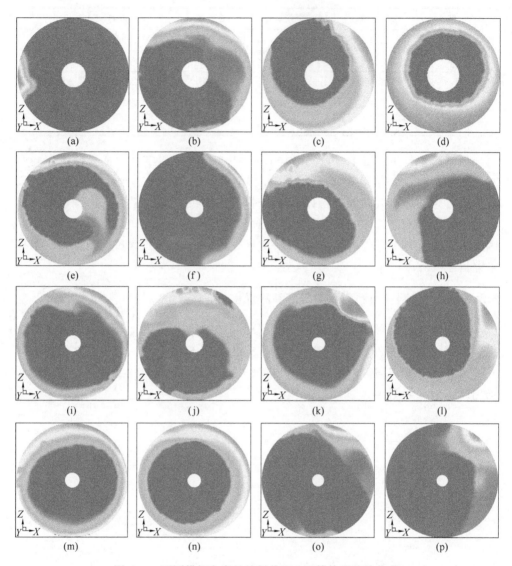

图 5-15   不同模拟方案的给料井出口固体体积分数分布

（a）Run$_f$1；（b）Run$_f$2；（c）Run$_f$3；（d）Run$_f$4；（e）Run$_f$5；（f）Run$_f$6；

（g）Run$_f$7；（h）Run$_f$8；（i）Run$_f$9；（j）Run$_f$10；（k）Run$_f$11；（l）Run$_f$12；

（m）Run$_f$13；（n）Run$_f$14；（o）Run$_f$15；（p）Run$_f$16

根据图 5-16 可看出，不同模拟方案所得的给料井布料效果差异显著，分别以有效流动率和均匀度指数为指标进行主效应分析、交互作用分析和极差分析，其中极差分析结果分别如表 5-8 和表 5-9 所示。

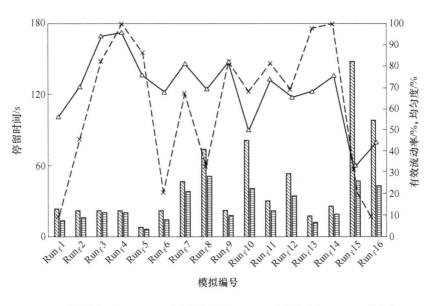

图 5-16 不同模拟方案的给料井布料效果

表 5-8 有效流动率的极差分析

水平	给料井直径	高径比	宽径比	螺旋角度	给料速度
1	37.76	36.86	35.42	36.75	33.96
2	37.27	36.25	35.22	36.92	36.58
3	36.45	36.28	38.02	35.97	37.22
4	34.30	36.39	37.12	36.14	38.01
极差	3.46	0.60	2.81	0.95	4.05
排秩	2	5	3	4	1

表 5-9 均匀度指数的极差分析

水平	给料井直径	高径比	宽径比	螺旋角度	给料速度
1	32.32	33.67	23.74	32.80	27.75
2	32.65	33.95	34.01	35.09	30.26
3	37.47	35.12	36.45	31.66	35.22
4	30.03	29.73	38.26	32.92	39.23
极差	7.44	5.38	14.52	3.43	11.48
排秩	3	4	1	5	2

根据极差分析，各个参数对有效流动率和均匀度指数的重要性排序分别为：给料速度>给料井直径>宽径比>螺旋角度>高径比；宽径比>给料速度>给料井直径>高径比>螺旋角度。综合极差分析和主效应分析，在模拟方案的各参数取值范围内，针对有效流动率和均匀度指数确定最优组合分别为 E4A1C3D2B1、C4E4A3B3D2。虽然从图 5-16 可看出有效流动率和均匀度指数随着各个模拟方案的变化趋势相似，但是通过极差分析发现各参数对这两个评价指标的影响作用却有显著的差异。

5.4   基于 BP 神经网络的给料井多参数多目标优化

根据前面的分析可知，给料井直径、高径比、宽径比、螺旋角度和给料速度对给料井内全尾砂的絮凝效果和给料井的布料效果均有显著的影响，并且发现各参数对絮凝效果和布料效果的影响规律并不相同，因此不能按照传统方法以给料井内的流场特性对给料井进行参数优化，同时也不能仅以絮凝效果为目标对给料井进行参数优化，而应综合考虑絮凝效果与布料效果，实现给料井基于全尾砂絮凝行为的多参数多目标优化。

不同于 BBD 响应面设计实验方法，不能拟合出各个响应指标关于各参数的回归模型，也不能通过理论分析建立相应的关系模型。因此，针对关于给料井的多参数多目标优化问题，本节提出采用 BP 神经网络建立各评价指标关于各参数的关系模型，然后再应用再建立类似于第 2 章的总评归一值模型实现多参数多目标优化。

同时，由于全尾砂絮团平均直径和 $-10\mu m$ 累积含量随着各参数的变化规律相似，本节仅适用平均直径来表征絮凝效果。因此本节主要研究关于给料井的五参数（给料井直径、高径比、宽径比、螺旋角度和给料速度）、三目标（全尾砂絮团平均直径、有效流动率和均匀度指数）的优化。

为了预测各参数对给料井内全尾砂絮凝效果与布料效果的影响，提出了一种三层 BP 神经网络模型，如图 5-17 所示。

通过该神经网络，可实现通过有限的数据来学习输入参数与输出指标之间的关系，无须假设各指标关于参数的相关模型。该模型具有五个输入参数，三个输出指标和一个 11 节点的隐藏层，即该模型为 5-11-3 神经网络模型。前面研究的五个影响参数即为模型中的五个输入，本节需要考察的三个评价指标即为模型中的三个输出。

所有的输入和输出都需要采用式（5-2）进行归一化。

$$\bar{x} = \frac{x - x_{\min}}{x_{\max} - x_{\min}} \tag{5-2}$$

式中　$\bar{x}$——各参数或指标的归一值，属于 [0，1]；

　　　x——某一水平对应的参数或指标的实际值；

　　$x_{\min}$——各参数或指标的最小值；

　　$x_{\max}$——各参数或指标的最大值。

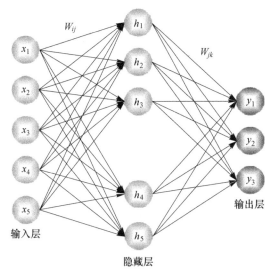

图 5-17　三层人工神经网络模型

选择 tansig 作为输入层和隐藏层的传输函数，选择 logsig 作为输出层的传输函数，通过 Levenberg-Marquardt 算法 trainlm 对模型进行训练。采用均方误差（mean-square error，MSE）作为本书神经网络的损失函数，用以描述神经网络性能的优劣，MSE 越小，说明神经网络的预测值与实际值的拟合程度越高。MSE 来表示神经网络模型的预测精度，其计算方法如式（5-3）所示。

$$\mathrm{MSE} = \frac{1}{N}\sum_{i=1}^{N}(y_i - y_i')^2 \tag{5-3}$$

式中　MSE——均方误差；

　　　y_i——第 i 个实际值；

　　　y_i'——第 i 个预测值；

　　　N——训练周期数。

由图 5-18 可知，当训练 200 次时，MSE 达到了 1.45×10^{-9}，说明此时神经网络模型精度高，可以进行进一步的多目标优化计算。建立如式（5-4）所示的总评归一值模型

$$OD' = (d_1' \times d_2' \times d_3')^{\frac{1}{3}} \tag{5-4}$$

式中　OD'——给料井的总评归一值，属于 [0，1]；

d'_1 ——根据式（5-2）计算所得的絮团平均直径归一值；

d'_2 ——根据式（5-2）计算所得的有效流动率归一值；

d'_3 ——根据式（5-2）计算所得的均匀度指数归一值。

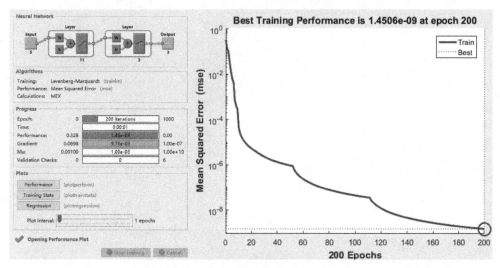

图 5-18　BP 神经网络训练方案与 MSE 曲线

　　结合 BP 神经网络训练所得模型，应用 MATLAB 函数 fmincon 求解式（5-4）的最大值为 0.9493，对应的各参数的最优值分别为：给料井直径的归一值为 0.8059、高径比的归一值为 0.0525、宽径比的归一值为 0.9443、螺旋角度的归一值为 0.9883 和给料速度的归一值为 0.4099；对应的实际值依次为：给料井直径为 0.98m，高径比为 0.45，宽径比为 0.11，螺旋角度为 223.95°，给料速度为 2.23m/s；此时各个指标分别为：给料井出口絮团平均直径 859.38μm，给料井的有效流动率 72.61%，给料井出口的均匀度指数 94.05%。

　　为了验证上述应用神经网络训练所得模型以及最优参数的有效性，根据优化所得最优工艺参数，建立给料井模型进行数值模拟验证，所得结果为：给料井出口絮团平均直径 836.96μm，给料井的有效流动率 83.82%，给料井出口的均匀度指数 91.11%。各指标的模型预测所得最优值与验证值相比，其相对误差分别为 2.68%、-13.37% 和 3.22%，相对误差较小，说明本节所建立的优化模型及优化结果有效。

5.5　本章小结

　　本章首先以流量比为指标对 E-DUC 稀释系统进行优化，获得了较好的稀释效果。然后以絮凝效果和布料效果为综合指标，分析了给料速度、给料井直径、给料井高度、环形挡板的宽度、螺旋混料槽的螺旋角度对絮凝效果和布料效果的影响，再应用正交试验设计分别以絮凝效果和布料效果为目标、应用 BP 神经网络结合总评归一值模型对给料井进行基于全尾砂絮凝行为的多参数（给料井直径、高径比、宽径比、螺旋角度和给料速度）多目标（絮团平均直径、均匀度指数、有效流动率）优化。取得的主要结论如下：

（1）喷头出口直径和喇叭口管直径的比值（直径比）对流量比的影响非常显著，各个参数的重要性排序为：直径比>给料速度>喇叭口角度>喉嘴距。综合极差分析和主效应分析，在模拟方案的各参数取值范围内，最优组合为：直径比为 0.4、给料速度为 3.2m/s、喇叭口角度为 20°、喉嘴距比值为 0.4。对应的模拟的出流量比为 1.937，稀释后固体体积分数相比稀释前降低了 65.95%，稀释效果很好。

（2）给料速度、给料井直径、给料井高度、环形挡板的宽度和螺旋混料槽角度等工艺参数对给料井内的全尾砂絮凝效果和布料效果影响显著，絮团平均直径和-10μm 累积含量随着各参数的变化趋势明显相反，说明絮凝过程中不仅仅是粗颗粒尾砂快速絮凝形成了絮团，细颗粒尾砂也快速絮凝，粗颗粒和细颗粒一起共同形成了全尾砂絮团。

（3）各个参数对平均直径和-10μm 累积含量的重要性排序均为宽径比>螺旋角度>给料井直径>给料速度>高径比。综合极差分析和主效应分析，在模拟方案的各参数取值范围内，针对平均直径和-10μm 累积含量确定最优组合均为 C3D1A1E3B2。可近似地用絮团平均直径代替平均直径和-10μm 累积含量这两个评价指标来评价絮凝效果。

（4）各个参数对有效流动率和均匀度指数的重要性排序分别为：给料速度>给料井直径>宽径比>螺旋角度>高径比；宽径比>给料速度>给料井直径>高径比>螺旋角度。综合极差分析和主效应分析，在模拟方案的各参数取值范围内，针对有效流动率和均匀度指数确定最优组合分别为 E4A1C3D2B1、C4E4A3B3D2。虽然有效流动率和均匀度指数随着各个模拟方案的变化趋势相似，但是通过极差分析发现各参数对这两个评价指标的影响作用却有显著的差异。

（5）以絮团平均直径、有效流动率和均匀度指数为指标，应用 BP 神经网络结合总评归一值模型对给料井进行基于全尾砂絮凝行为的多参数多目标优化，优化结果为给料井直径为 0.98m，高径比为 0.45，宽径比为 0.11，螺旋角度为 223.95°，给料速度为 2.23m/s，此时各个指标分别为：给料井出口絮团平均直径为 859.38μm，给料井的有效流动率为 72.61%，给料井出口的均匀度指数为 94.05%。

6 工 程 应 用

全尾砂絮凝行为研究的最终目的在于为深锥浓密机内给料井设计、优化及系统运行提供依据。本章应用本书建立的全尾砂絮凝动力学模型及给料井内全尾砂絮凝行为的模拟方法，对某矿深锥浓密机给料井的运行效果进行分析，分析了深锥浓密机工程应用中 E-DUC 的稀释效果、给料井的有效流动率、出口圆周上全尾砂料浆的固体体积分数的均匀度与给料井内的全尾砂絮凝效果，并对给料井的工艺参数提出优化建议。

6.1 工 程 概 况

6.1.1 膏体充填工艺流程简介

矿山设计生产能力为 10000t/d，由于大部分采准工程位于矿体内，副产矿石量占 20%。因此，膏体充填只要满足生产任务的 8000t/d 即可，即采充比为 1：0.8。当井下采场一、二步骤采用全尾砂膏体充填时，尾砂加权日用量为 5374t/d，剩余尾砂排到尾矿库中。

为了满足矿区稳产阶段生产能力的要求，达到日最大充填量 3937m³/d，采取两套充填系统，具体工艺流程如图 6-1 所示。

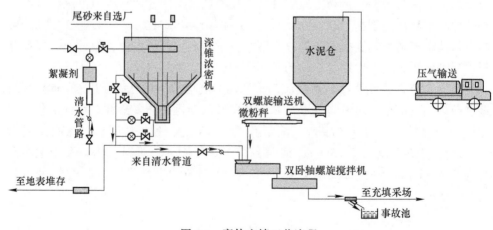

图 6-1 膏体充填工艺流程

采场充填所需的全尾砂用量最大为 5528t/d,单台浓密机最大处理量为 224.6t/h。充填能力为 180m³/h,膏体充填系统间可相互独立和相为备用。膏体充填站采用两台直径 18m 深锥浓密机,膏体充填时深锥浓密机底流浓度为 72.8%,高浓度尾砂排放时深锥浓密机底流浓度为 72%,加稀释水后稀释到 55% 经泵压输送至 15km 外的尾矿库。采用两级双轴卧式搅拌机,搅拌能力为 180m³/h,一级搅拌与二级搅拌的体积分别为 8m³ 与 10m³。膏体输送采用自流输送,管道内径为 175mm,流速为 1.85m/s,沿程阻力损失为 6.75MPa/km。

6.1.2 给料井结构参数

深锥浓密机直径为 18m,直筒壁高为 10m,圆锥体高位 7.1m,最大容积为 2983m³,溢流水平为 15.3m。给料井如图 6-2 所示。给料井的直径为 5.29m,总高为 2.60m。全尾砂料浆从给料管进入分矿箱,再经 E-DUC 稀释系统稀释后进入给料井的混料槽,此后与絮凝剂发生絮凝反应,并从混料槽流入给料井,不断絮凝、沉降直至进入深锥浓密机内。

图 6-2 某矿深锥浓密机给料井

为了模拟给料井内的全尾砂絮凝行为,本书忽略分矿箱结构,并且只考虑料浆液位以下的给料井,建立如图 6-3 所示的给料井模型。

给料井有效高度 $H_{feedwell}=2.25m$,直径为 $D_{feedwell}=5.29m$,底部有宽为 $D_{shelf}=0.50m$ 的挡板,上部有螺旋弧形混料槽,如图 6-4 所示。混料槽的宽度为 $D_{groove}=0.55m$,与 E-DUC 稀释系统连接处的高度为 $H_1=0.74m$,进入给料井处的高度为 $H_2=1.14m$,对应弧度为 200°。

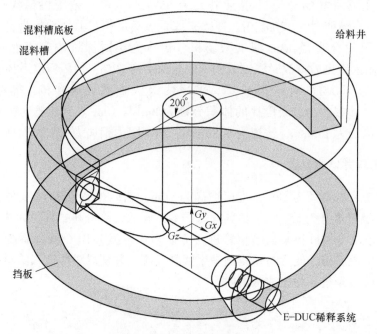

图 6-3　给料井的几何模型

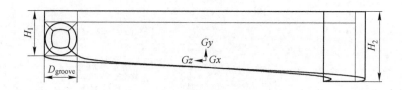

图 6-4　混料槽的几何模型

E-DUC 稀释系统结构如图 6-5 所示，关键尺寸参数为 $D_1 = 0.53\text{m}$，$D_2 = 0.32\text{m}$，$L = 0.70\text{m}$，$\omega = 22°$，因此直径比为 0.6、喉嘴距为 0.47。

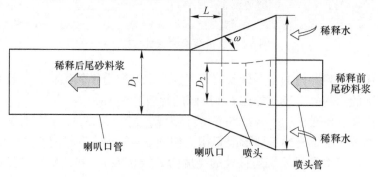

图 6-5　E-DUC 稀释系统的几何模型

6.1.3 全尾砂絮凝的工艺参数

全尾砂料浆基本物性参数、絮凝剂种类与单耗等与前面章节一致。根据设计正常运行情况下全尾砂料浆体积流量为 1610m³/h，则给料速度约为 4.0m/s，可计算出入口处湍流强度为 2.78%，水力直径为 0.38m。根据设计，正常运行情况下稀释水给料为全尾砂料浆体积流量的 0.9 倍左右，则稀释后料浆的速度即给料井的给料速度同样约为 4.0m/s。

6.2 给料井运行效果分析

对给料井进行网格划分，如图 6-6 所示，网格数 4554732 个。采用 4.2.2 节的全尾砂絮凝数学模型以及相应的数值模拟方法对给料井进行数值模拟。

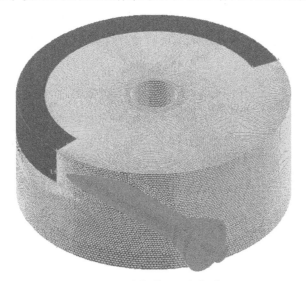

图 6-6 给料井的网格划分

6.2.1 E-DUC 稀释系统稀释效果分析

E-DUC 稀释系统内的速度分布云图如图 6-7 所示。全尾砂料浆以 4.0m/s 的速度从喷头管入口处进入，喷头出口处全尾砂料浆速度增到为 5.58m/s。喇叭口外部的稀释水被吸入，稀释水的给料速度为 0.67m/s。稀释水进入后，在喇叭口管中与全尾砂料浆不断混合，最终从喇叭口管出口进入给料井内部。在喇叭口处，稀释后的全尾砂料浆的流速为 4.56m/s。

稀释水流量为全尾砂料浆流量的 1.24 倍，即流量比为 1.24，高于设计的流

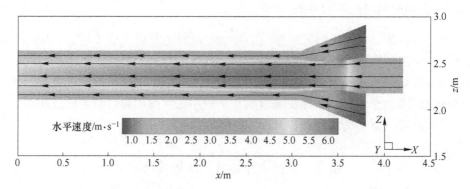

图 6-7　E-DUC 稀释系统中心水平截面水平速度分布云图

量比 0.9。稀释前后 E-DUC 稀释系统内全尾砂料浆的固体体积分数的分布云图如图 6-8 所示。入口处全尾砂料浆的固体体积分数为 9.19%，经稀释后固体体积分数为 3.94%，稀释后固体体积分数降低 57.13%，稀释效果较好。

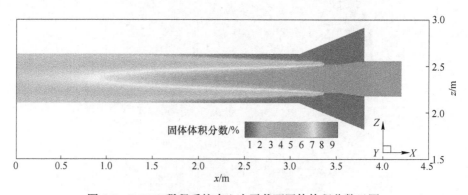

图 6-8　E-DUC 稀释系统中心水平截面固体体积分数云图

6.2.2　给料井内有效流动区域分析

根据 4.5 节给料井内有效流动区域数值模拟分析方法，可得给料井出口全尾砂固体质量分数的停留时间分布曲线如图 6-9 所示。

根据图 6-9 和式（4-25），可计算出全尾砂在给料井内的实际停留时间为 21.9s。而给料井体积为 47.76m³，料浆给料流量为 1.006m³/s（根据稀释后的全尾砂料浆的流速为 4.56m/s 计算），因此理论平均停留时间为 47.48s。

根据式（4-27），可计算出给料井的有效流动率为 46.12%，说明给料井内小于一半的区域为有效流动区域，因此，给料井结构可进一步优化。

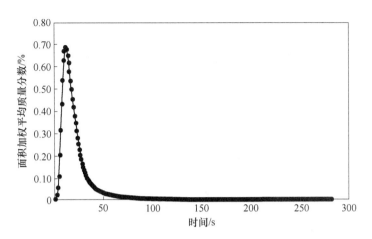

图6-9 全尾砂固体质量分数的停留时间分布曲线

6.2.3 给料井出口的均匀度指数分析

给料井内全尾砂料浆的固体体积分数分布如图6-10所示。可以看出，混料槽内的全尾砂料浆的固体体积分数分布基本均匀。从混料槽进入后给料井后，全尾砂料浆沿着给料井壁螺旋向下运动。给料井内靠近中心传动轴的中心区域体积分数较低，而靠近给料井壁区域的全尾砂料浆的固体体积分数较高，说明螺旋运动效果较好。

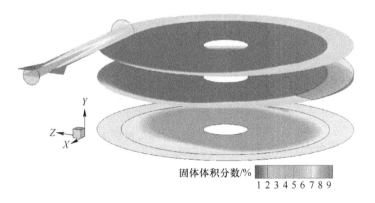

图6-10 给料井内固体体积分数分布云图

给料井出口圆周上的全尾砂料浆的固体体积分数分布如图6-11和图6-12所示。

从图6-12可以看出，在出口圆周上全尾砂料浆的固体体积分数基本都在

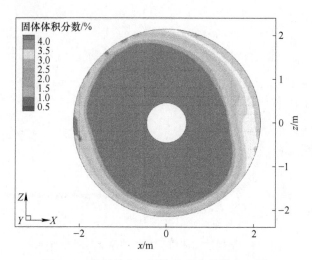

图 6-11　给料井出口固体体积分数分布云图

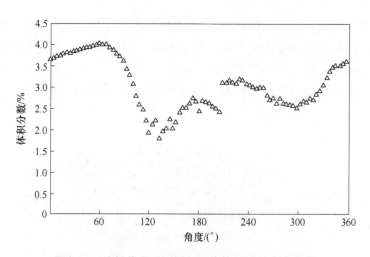

图 6-12　给料井出口圆周上固体体积分数分布曲线

2%~4%之间，这将有助于全尾砂料浆在深锥浓密机内的沉降，同时从图 6-11 也发现在 $x=-2\sim0m$、$z=0\sim2m$ 区域内，出口处的全尾砂料浆的固体体积分数相对较低，说明此给料井参数还可以进一步优化。根据均匀度指数计算方法，给料井出口圆周上全尾砂料浆的固体体积分数的统计平均值为 3.04%，根据图 6-12 可看出全尾砂料浆的固体体积分数均在 3.04%×（1±50%） 的范围内，因此该深锥浓密机给料井出口圆周上的均匀度指数为 100%，说明整体均匀度很好。

6.2.4 给料井内全尾砂絮凝行为分析

在实际平均停留时间内，给料井出口全尾砂絮团尺寸分布的演化规律如图 6-13 所示。

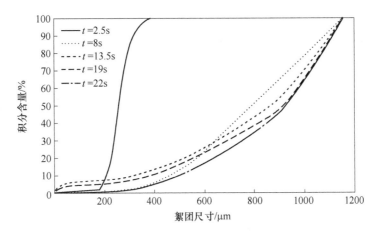

图 6-13 给料井出口全尾砂絮团尺寸分布演化规律

由图 6-13 可知，此时间段内，给料井出口大尺寸絮团数量不断增多，而小尺寸絮团数量不断减少。根据图 6-13，可得絮团平均尺寸和 $-10\mu m$ 累积含量随着时间的变化规律，如图 6-14 所示。

由图 6-14 可知，全尾砂絮团平均尺寸不断增加，在 22s 时达到了 $622\mu m$，而 $-10\mu m$ 累积含量则由 1.46% 降到了 0.09%，说明絮凝效果较好。同时，现场应用时溢流水清澈，如图 6-15 所示，与模拟分析所得絮凝效果一致。

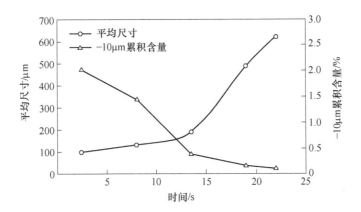

图 6-14 给料井出口全尾砂絮团平均尺寸与 $-10\mu m$ 累积含量

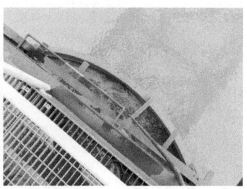

图6-15 深锥浓密机上部清澈溢流

6.3 给料井工艺参数优化建议

6.3.1 E-DUC工艺参数优化建议

目前，该深锥浓密机E-DUC的流量比为1.24，关键工艺参数为：直径比为0.6，给料速度为4m/s，喇叭口角度为22°，喉嘴距为0.47。而5.1节优化所得流量比为1.937，对应的最优参数为直径比为0.4、给料速度为3.2m/s、喇叭口角度为20°、喉嘴距比值为0.4。各工艺参数实际值和最优值相比，相对误差分别为50%、25%、10%和17.5%。

因此，根据工艺参数的实际值与理论最优值的对比分析，给出如下建议：该E-DUC稀释系统的喇叭口角度已经近似于最优值，可以不再优化；而喉嘴距略偏大，可适当缩小喉嘴距直至接近于0.4；同时，因为目前稀释效果已经较好，为了减小优化整改工程量，保持直径比和给料速度不变。

根据优化建议，模拟分析可知流量比可增加到1.32，实现了稀释效果进一步增加。

6.3.2 给料井工艺参数优化建议

根据前面分析可知，目前该矿深锥浓密机给料井的运行效果为：有效流动率为46.12%，给料井出口圆周上的均匀度指数为100%，全尾砂絮团平均尺寸为622μm，−10μm累积含量为0.723‰。因此，给料井的整体运行效果良好，其中有效流动率和絮团平均尺寸与第5章优化所得最优值相比可进一步优化。

根据E-DUC工艺参数优化建议，优化后流量比为1.32，则稀释后全尾砂料浆流速可达到4.72m/s，即给料速度可达到4.72m/s。同时，目前该矿深锥浓密机给料井的直径为 5.29m、高径比为 0.425、宽径比为 0.094、螺旋角度为 200°，而第 5 章优化所得给料井直径为 0.98m、高径比为 0.45、宽径比为 0.11、螺旋角度为 223.95°、给料速度为 2.23m/s。因此，对比分析后给出如下优化建议：

（1）保持给料井直径不变。

（2）增加高径比到 0.45。目前给料井实际高度为 2.60m、液面以下的有效高度为 2.25m，增加高径比即增加有效高度，高径比由 0.425 增加到 0.45 即有效高度增加 0.13m，因此最简单增加高径比的措施为将给料井的安装位置在深锥浓密机内向下移动 0.13m 即可。

（3）实际宽径比与最优宽径比很接近，可保持不变。

（4）增加螺旋角度到 224°。

（5）保持给料速度不变。给料井直径实际值是优化值的 5.38 倍，应用雷诺数相似法确定实际最佳给料速度，直径的相似比为 5.38，可计算出实际最佳给料速度为 $2.23 \times 5.38^{0.5} = 5.17 \text{m/s}$，而根据 E-DUC 工艺参数优化建议所得给料速度为 4.72m/s，两者相近，因此可保持 E-DUC 的给料速度不变。

根据优化建议，对优化后的给料井进行模拟分析，所得结果为：有效流动率增加到 51.26%，均匀度指数为 91.11%，平均直径为 801.88μm，有效流动率和平均直径相比优化前分别增加了 26.69%、11.14%，而均匀度指数降低了 8.89%。同时，根据式（5-4），可计算出优化后全尾砂絮凝行为的总评归一值为 0.6298，相比优化前的总评归一值 0.5262 增加了 19.71%。因此，优化后絮凝效果有较大的提升，给料井工艺参数优化建议有效。

6.4　本　章　小　结

应用本书建立的全尾砂絮凝动力学模型及给料井内全尾砂絮凝行为的模拟方法，对某矿深锥浓密机给料井的运行效果进行分析，并对给料井的工艺参数提出优化建议。主要结论如下：

（1）工程应用中，E-DUC 稀释系统入口处全尾砂料浆的固体体积分数为 9.19%，经稀释后固体体积分数为 3.94%，稀释后固体体积分数降低 57.13%，稀释效果较好。根据第 5 章优化所得的 E-DUC 工艺参数和现场实际的工艺参数对比分析，建议将喉嘴距由 0.47 减小至 0.4，从而流量比可由 1.24 增加到 1.32，增强稀释效果。

（2）工程应用中，全尾砂在给料井内的停留时间为 21.9s，理论平均停留时间约为 47.48s，给料井的有效流动率为 46.12%，死区较大，结构有待优化。料井出口圆周上全尾砂料浆的固体体积分数的统计平均值 3.04%，均匀度指数为 100%，说明整体均匀度很好。给料井出口全尾砂絮团平均尺为 622μm，而

−10μm累积含量则由 1.46%降到了 0.09%，现场应用时溢流水澄清，说明絮凝效果较好。

（3）根据第 5 章优化所得的给料井工艺参数和现场实际的工艺参数对比分析，建议保持给料井直径、宽径比不变，而将给料井的安装位置在深锥浓密机内向下移动 0.13m、适当增大螺旋混料槽的角度至 224°左右即适当增大螺旋槽的长度，以提升给料井的有效流动率和絮凝效果，优化后在均匀度指数仍然高达 91.11%的前提下，有效流动率增加到 51.26%，平均直径增加到了 801.88μm，相比优化前分别增加了 26.69%、11.14%，优化后全尾砂絮凝行为的总评归一值增加到了 0.6298，相比优化前增加了 19.71%，优化效果明显。

7 结　语

7.1　主　要　结　论

本书以全尾砂絮凝行为作为研究对象，首先引入剪切速率这一重要因素开展了全尾砂絮凝影响因素实验研究，获得了不同因素影响下的全尾砂絮团尺寸演化规律与最优絮凝条件；其次对全尾砂絮凝过程建立全尾砂絮团聚并、絮团破碎的方程，构建了全尾砂絮凝动力学模型（T^2PBM）；然后将 T^2PBM 与 CFD 进行耦合，模拟研究了给料井内的流场特性与絮凝行为；再以给料井出口的全尾砂絮团平均直径、给料井的有效流动率和给料井出口圆周上全尾砂料浆的固体体积分数分布均匀度指数为全尾砂絮凝行为评价指标，对给料井的关键参数进行多目标优化；最后应用全尾砂絮凝动力学模型与给料井内全尾砂絮凝行为的模拟方法对某矿深锥浓密机给料井的运行效果进行分析，并对工艺参数提出优化建议。全书主要研究结论如下：

（1）引入剪切速率（G）这一重要影响因素，研究了全尾砂固体质量分数（SF）、絮凝剂单耗（FD）、絮凝剂溶液浓度（FC）和剪切速率等因素对全尾砂絮凝行为的影响，获得了不同因素影响下全尾砂絮团尺寸的演化规律与最优絮凝条件。

1）全尾砂的絮凝过程是颗粒（絮团）不断聚并与絮团破碎的平衡过程，在流场剪切作用下，全尾砂与高分子絮凝剂快速絮凝形成絮团，并且絮团尺寸增长达到峰值后随着絮凝反应时间逐渐下降至一个稳定状态。在一定条件下，在较短的时间内（小于 30s），全尾砂絮团的弦长可达到 700μm 左右。

2）SF、FD、FC 和 G 两两之间的交互作用对全尾砂絮团平均加权弦长峰值（SWMCL$_{max}$）、絮凝的全尾砂料浆的初始沉降速率（ISR）与上清液浊度（T）影响显著，建立了 SWMCL$_{max}$、ISR 和 T 回归预测模型，分别如式（2-3）、式（2-4）和式（2-5）所示。

3）建立了全尾砂絮凝行为的总评归一值模型，获得最优絮凝效果为 SWMCL$_{max}$ = 718.461μm、ISR = 5.720mm/s、T = 19.823NTU，对应的最优絮凝条件为 SF = 10.29%、FD = 25g/t、FC = 0.15%、G = 51.60s^{-1}。

（2）分析了全尾砂絮团的聚并与破碎机理，建立了全尾砂絮凝动力学模型

（T²PBM），应用 MATLAB 的 ode15s 对 T²PBM 进行求解，并应用改进的粒子群算法对待定参数进行优化确定。

1）基于全尾砂絮凝机理分析，通过建立絮团（v_{i-1}）和絮团（v_j）的碰撞效率模型 $\alpha_{i-1,j}$、絮团（v_{i-1}）和絮团（v_j）的碰撞频率模型 $\beta_{i-1,j}$、絮团（v_j）破碎后生成絮团（v_i）的概率分布函数 $\Gamma_{i,j}$ 和絮团（v_i）的破碎频率模型 S_i，建立了适用于描述本书全尾砂絮凝的动力学模型（T²PBM）。

2）采用四阶五级 Runge-Kutta-Fehlberg 方法应用 MATLAB 求解器 ode15s 对 T²PBM 的初值问题进行求解，采用改进的粒子群优化算法对不同絮凝条件下的 T²PBM 的六个待定系数进行优化确定。

3）最优絮凝条件下，T²PBM 中六个待定系数为 $f_1 = 0.93340$，$f_2 = 0.83532$，$f_3 = 0.04749$，$f_4 = 0.11752$，$f_5 = 0.76734$，$f_6 = 1.65428$，对应的碰撞效率模型和幂率破碎频率模型分别如式（3-47）和式（3-48）所示。

（3）采用物理模拟与数值模拟相结合的方法研究了给料井内的全尾砂絮凝行为，分析了 E-DUC 稀释系统的稀释效果、给料井的有效流动率与给料井出口圆周上的均匀度指数，揭示了给料井内全尾砂絮团尺寸分布的时空演化规律。

1）E-DUC 稀释系统入口处全尾砂料浆的固体体积分数为 8.22%，经稀释后固体体积分数为 6.94%，稀释后固体体积分数相对降低 15.57%，具有一定的稀释效果。

2）应用全尾砂在给料井内的停留时间分析了给料井内的有效流动区域，给料井的有效流动率为 40.06%，结构有待优化。

3）建立了给料井出口圆周上全尾砂料浆的固体体积分数均匀度的量化评价模型-均匀度指数，所得均匀度指数仅为 3.33%，均匀度较差，需要进一步优化。

4）给料井出口全尾砂絮团的平均直径为 534μm，是初始时的 102 倍；−10μm 累积含量仅为 0.14%，且溢流水浊度均在 200ppm 以下，说明絮凝效果很好。但是在给料井的垂直深度上，全尾砂絮团平均直径随着深度的增加先增大后减小，在 $y = 0 \sim 200$mm 范围内破碎行为特别显著。

（4）以絮凝效果和布料效果为综合指标，分析了给料速度、给料井直径、给料井高度、环形挡板的宽度、螺旋混料槽的螺旋角度对絮凝效果和布料效果的影响，应用 BP 神经网络结合总评归一值模型对给料井进行基于全尾砂絮凝行为的多参数多目标优化。

1）对于 E-DUC 稀释系统，喷头出口直径和喇叭口管直径的比值（直径比）对流量比的影响非常显著，各个参数的重要性排序为：直径比>给料速度>喇叭口角度>喉嘴距。各参数最优组合为直径比为 0.4、给料速度为 3.2m/s、喇叭口角度为 20°、喉嘴距比值为 0.4，优化后的流量比为 1.937、全尾砂料浆的固体体积分数相比稀释前降低了 65.95%。

2）各个参数对平均直径和−10μm累积含量的重要性排序均为宽径比>螺旋角度>给料井直径>给料速度>高径比。综合极差分析和主效应分析，在模拟方案的各参数取值范围内，针对平均直径和−10μm累积含量确定最优组合均为C3D1A1E3B2。可近似的用絮团平均直径代替平均直径和−10μm累积含量这两个评价指标来评价絮凝效果。

3）各个参数对有效流动率和均匀度指数的重要性排序分别为：给料速度>给料井直径>宽径比>螺旋角度>高径比、宽径比>给料速度>给料井直径>高径比>螺旋角度。在模拟方案的各参数取值范围内，针对有效流动率和均匀度指数确定最优组合分别为E4A1C3D2B1、C4E4A3B3D2。虽然有效流动率和均匀度指数随着各个模拟方案的变化趋势相似，但是通过极差分析发现各参数对这两个评价指标的影响作用却有显著的差异。

4）以絮团平均直径、有效流动率和均匀度指数为指标，应用BP神经网络结合总评归一值模型对给料井进行基于全尾砂絮凝行为的多参数多目标优化，优化结果为给料井直径为0.98m，高径比为0.45，宽径比为0.11，螺旋角度为223.95°，给料速度为2.23m/s，此时各个指标分别为：给料井出口絮团平均直径859.38μm，给料井的有效流动率72.61%，给料井出口圆周上的均匀度指数94.05%，同时取得了很好的絮凝效果与布料效果。

（5）应用本书建立的全尾砂絮凝动力学模型及给料井内全尾砂絮凝行为的模拟方法，对某矿深锥浓密机给料井的运行效果进行分析，并对给料井的工艺参数提出优化建议。

1）工程应用中，E-DUC稀释系统入口处全尾砂料浆的固体体积分数为9.19%，经稀释后固体体积分数为3.94%，稀释后固体体积分数降低57.13%，稀释效果较好。给料井出口全尾砂絮团平均尺为622μm，而−10μm累积含量则由1.46%降到了0.09%，现场应用时溢流水澄清，说明絮凝效果较好。

2）工程应用中，给料井出口圆周上全尾砂料浆的固体体积分数的统计平均值为3.04%，均匀度指数为100%，但是给料井的有效流动率为46.12%，结构仍可进一步优化。

3）建议将喉嘴距由0.47减小至0.4，从而流量比可由1.24增加到1.32，增强稀释效果；建议保持给料井直径、宽径比不变，而将给料井的安装位置在深锥浓密机内向下移动0.13m、适当增大螺旋混料槽的角度至224°，优化后在均匀度指数仍然高达91.11%的前提下，有效流动率增加到51.26%，平均直径增加到了801.88μm，优化后全尾砂絮凝行为的总评归一值增加到了0.6298，相比优化前增加了19.71%，预期实际优化效果明显。

7.2　创　新　点

本书创新之处主要体现在以下三个方面：

（1）基于剪切速率，探明了剪切诱导絮凝过程中全尾砂絮团尺寸演化规律。絮团是全尾砂在深锥浓密机内存在的主要形式，传统量筒静态或动态絮凝沉降实验常以沉降行为来分析絮凝效果，忽略了流场剪切作用对絮凝的影响。本书引入剪切速率这一重要因素，应用搅拌剪切絮凝实验分析多因素影响下的全尾砂絮凝行为，应用 FBRM 实时监测絮凝过程中全尾砂絮团尺寸，探明了剪切诱导絮凝过程中全尾砂絮团尺寸演化规律。

（2）构建了考虑絮团聚并与破碎的全尾砂絮凝动力学模型（T^2PBM）。流场剪切诱导下全尾砂颗粒与絮凝剂不断混合、吸附、架桥、絮凝形成絮团，同时结构不稳定的絮团在剪切作用下也往往不断破碎形成较小或更稳定的絮团，因此全尾砂絮凝过程中颗粒或絮团的聚并和絮团的破碎行为往往同时发生，直至最终达到一个平衡状态。本书对 PBM 进行改进，详细分析了全尾砂絮团的聚并与破碎机理，建立了絮团加和式聚并模型与双幂率式破碎模型，并应用 MATLAB 的 ode15s、改进的粒子群算法对待定参数进行优化求解，最终构建了全尾砂絮凝动力学模型（T^2PBM），实现了全尾砂絮凝过程的定量描述。

（3）提出了给料井内全尾砂絮凝效果与布料效果的多参数多目标优化方法。给料井是深锥浓密机的核心，本书突破传统仅以流场特性为指标进行给料井参数优化的方法，在对 E-DUC 稀释系统进行优化的前提下，将 T^2PBM 与 CFD 进行耦合，以絮团平均直径、均匀度指数、有效流动率为指标，应用 BP 神经网络结合总评归一值模型对给料井进行基于全尾砂絮凝行为的多参数（给料井直径、高径比、宽径比、螺旋角度和给料速度）多目标（絮团平均直径、均匀度指数、有效流动率）优化，实现了絮凝效果与布料效果的协同优化。

7.3　研　究　展　望

本书重点对全尾砂的絮凝行为进行了研究，探明了剪切诱导絮凝条件下全尾砂絮团尺寸的演化规律，建立了考虑絮团聚并与破碎的絮凝动力学模型 T^2PBM，并将 T^2PBM 与 CFD 耦合研究了给料井内全尾砂的絮凝行为，进而对给料井参数进行了优化。但在许多方面还需要不断深化，主要包括：

（1）基于代理模型的给料井参数优化设计。本书应用正交设计方案研究了不同参数对絮凝行为的影响，评价指标为絮团尺寸、有效流动率和均匀度指数，在后续的研究中还应将深锥浓密机底流以及膏体料浆的流动特性作为絮凝行为的指标进行评价，并应考虑絮凝剂的成本。同时正交设计在模拟时间与工作量方面确实有很大优势，但是对于模型精度方面还有待进一步讨论。目前对于结构优化设计中较为常用的是基于代理模型的设计，但是代理模型的一个缺点就是对于样本数（模拟次数）有很高的要求，通常是变量个数的数十倍，这对模拟工作量提出了巨大的挑战。为此，如何建立样本数较少的代理模型，并应用代理模型对给料井参数乃至深锥浓密机参数进行优化设计，成为下一步研究的重点。

（2）基于絮凝动力学的絮凝行为调控方法研究。本书建立了全尾砂絮凝动力学模型，并对絮凝工艺参数进行了优化研究。但是在实际生产中，一是参数不断变化，如给料的流量与浓度时刻波动；二是目标不断变化，如泥层高度过高时需要降低絮凝效果、而泥层高度较低时需要增强絮凝效果等。因此，如何基于絮凝动力学模型，根据参数与目标的变化，如何对给料井内的絮凝行为进行实时调控是下一步研究的另一个重点。

参　考　文　献

［1］ 薛亚洲，王雪峰，王海军，等．全国矿产资源节约与综合利用报告［M］．北京：地质出版社，2017.

［2］ 王雪峰，朱欣然，李为，等．全国矿产资源节约与综合利用报告［M］．北京：地质出版社，2018.

［3］ 吴爱祥，王洪江．金属矿膏体充填理论与技术［M］．北京：科学出版社，2015.

［4］ 吴爱祥，杨莹，程海勇，等．中国膏体技术发展现状与趋势［J］．工程科学学报，2018，40（5）：517~525.

［5］ Johnson J, Accioly A. Feedwell is the heart of a thickener［C］// 20th International Seminar on Paste and Thickened Tailings, Beijing, China, 2017.

［6］ 于润沧．金属矿山胶结充填理论与工程实践［M］．北京：冶金工业出版社，2020.

［7］ 吉学文，严庆文．驰宏公司全尾砂——水淬渣胶结充填技术研究［J］．有色金属（矿山部分），2006，58（2）：11~13.

［8］ 吴爱祥，王勇，王洪江．膏体充填技术现状及趋势［J］．金属矿山，2016，45（7）：1~9.

［9］ 王勇，吴爱祥，王洪江．导水杆数量和排列对尾矿浓密的影响机理［J］．中南大学学报（自然科学版），2014，45（1）：244~248.

［10］ 谷志君．最大型深锥膏体浓密机在中国铜钼矿山的应用［J］．黄金，2010，31（11）：43~45.

［11］ Coe H S, Clevenger G H. Methods for determining the capacity of slimesettling tanks［J］. Trans. AIME, 1916, 55：356~385.

［12］ Kynch G J. A theory of sedimentation［J］. Trans Faraday Soc, 1952, 48（2）：166~176.

［13］ Shannon P T, Dehaas R D, Stroupe E P. Batch and continuous thickening. Prediction of batch settling behavior from initial rate data with results for rigid spheres［J］. Industrial and Engineering Chemistry Fundamentals, 1964, 3：250~260.

［14］ Tory E M, Shannon P T. Reap praisal of the concept of settling in compression. Settling behavior and concentration profiles for initially concentrated calcium carbonate slurries［J］. Industrial and Engineering Chemistry Fundamentals, 1965, 4：194~204.

［15］ Concha F. Solid-liquid separation in the mining industry, fluid mechanics and its applications［M］. Springer International Publishing, Switzerland, 2014.

［16］ Raimund B, Kenneth H K, John D T. Mathematical model and numerical simulation of the dynamics of flocculated suspensions in clarifier-thickeners［J］. Chemical Engineering Journal, 2005, 111：119~134.

［17］ Landman K A, White L R, Buscall R. The continuous flow gravity thickener：Steady state behaviour［J］. AIChE. Journal, 1988, 34：239~252.

［18］ Fawell P D. Solid-liquid Separation of Clay Tailings［M］// Clays in the Minerals Processing Value Chain, 2017.

[19] Usher S P, Spehar R, Scales P J. Theoretical analysis of aggregate densification: Impact on thickener performance [J]. Chemical Engineering Journal, 2009, 151: 202~208.

[20] 焦华喆. 全尾砂深锥浓密絮团行为与脱水机理研究 [D]. 北京: 北京科技大学, 2014.

[21] 张钦礼, 周登辉, 王新民. 超细全尾砂絮凝沉降实验研究 [J]. 广西大学学报: 自然科学版, 2013, 38 (2): 451~455.

[22] 焦华喆, 吴爱祥, 王洪江, 等. 全尾砂絮凝沉降特性实验研究 [J]. 北京科技大学学报, 2011, 33 (12): 1437~1441.

[23] 吴爱祥, 周靓, 尹升华, 等. 全尾砂絮凝沉降的影响因素 [J]. 中国有色金属学报, 2016, 26 (2): 439~446.

[24] 郭亚兵. 沉降-浓缩理论及数学模型 [M]. 北京: 化学工业出版社, 2014.

[25] Fawell P D, Farrow J B, Heath A R, et al. 20 years of AMIRA P266 "Improving Thickener Technology": How has it changed the understanding of thickener performance? [C] // Paste International Seminar on Paste & Thickened Tailings, Aust Centre Geomech, Nedlands, Australia, 2009.

[26] Heath A R, Bahri P A, Fawell P D, et al. Polymer flocculation of calcite: Experimental results from turbulent pipe flow [J]. AIChE Journal, 2006, 52 (4): 1284.

[27] Grabsch A F, Fawell P D, Adkins S J, et al. The impact of achieving a higher aggregate density on polymer-bridging flocculation [J]. International Journal of Mineral Processing, 2013, 124: 83~94.

[28] Carissimi E, Rubio J. Polymer-bridging flocculation performance using turbulent pipe flow [J]. Minerals Engineering, 2015, 70: 20~25.

[29] Heath A R, Bahri P A, Fawell P D, et al. Polymer flocculation of calcite: Population balance model [J]. Aiche Journal, 2006, 52: 1641~1653.

[30] Fawell P D, Nguyen T V, Solnordal C B, et al. Enhancing gravity thickener feedwell design and operation for optimal flocculation through the application of computational fluid dynamics [J]. Mineral Processing and Extractive Metallurgy Review, 2019 (2): 1~15.

[31] Jewell R J, Fourie A B. Paste and Thickened Tailings-A Guide (Third Edition) [M]. Western Australia: Australian Centre for Geomechanics, 2015.

[32] 周天, 李茂, 廖沙, 等. 赤泥分离沉降槽中心桶内流体流动的水模型实验研究 [J]. 中南大学学报 (自然科学版), 2015, 46 (7): 2713~2720.

[33] Zhou T, Li M, Li Q L, et al. Numerical simulation of flow regions in red mud separation thickener's feedwell by analysis of residence-time distribution [J]. Transactions of Nonferrous Metals Society of China, 2014, 24 (4): 1117~1124.

[34] Zhou T, Li M, Zhou C Q, et al. Numerical simulation and optimization of red mud separation thickener with self-dilute feed [J]. Journal of Central South University, 2014, 21 (1): 344~350.

[35] 李茂, 李秋龙, 周天, 等. 平底沉降槽内固液分离与赤泥沉降的数值模拟 [J]. 过程工程学报, 2014, 14 (2): 189~196.

[36] 李秋龙, 李茂, 雷波, 等. 基于正交试验的赤泥沉降槽中心桶结构优化 [J]. 中国有色金属学报, 2014 (4): 1063~1069.

[37] 宋战胜, 王守信, 郭亚兵, 等. 浓缩机新型给料井的设计及其流态模拟仿真 [J]. 矿山机械, 2012, 40 (11): 65~69.

[38] 陈晓楠, 谭蔚, 孟令冰, 等. 进料井结构对进料井内流体流动影响的数值模拟研究[J]. 矿山机械, 2015, 43 (1): 95~99.

[39] 谭蔚, 陈晓楠, 汪洋, 等. 一种新型浓密机进料井结构的研究 [J]. 化学工业与工程, 2017, 34 (2): 84~88.

[40] 李世凯, 王青芬, 韩登峰. 基于 CFD 方法的浓密机给料井内流场仿真模拟 [J]. 矿冶工程, 2016, 36 (8): 229~233.

[41] Grant S B, Kim J H, Poor C. Kinetic theories for the coagulation and sedimentation of particles [J]. Journal of Colloid and Interface Science, 2001, 238 (2): 238~250.

[42] Alagha L, Wang S, Yan L, et al. Probing adsorption of polyacrylamide-based polymers on anisotropic basal planes of kaolinite using quartz crystal microbalance [J]. Langmuir, 2013, 29 (12): 3989~3998.

[43] Gregory J, Barany S. Adsorption and flocculation by polymers and polymer mixtures [J]. Advances in Colloid & Interface Science, 2011, 169 (1): 1~12.

[44] Ray D T, Hogg R. Agglomerate breakage in polymer-locculated suspensions [J]. Journal of Colloid and Interface Science, 2001, 116 (1): 256~268.

[45] Michaels A S. Aggregation of suspensions by polyelectrolytes [J]. Industrial & Engineering Chemistry, 1954, 46 (7): 1485~1490.

[46] Uribe L, Gutierrez L, Laskowski J S, et al. Role of calcium and magnesium cations in the interactions between kaolinite and chalcopyrite in seawater [J]. Physicochemical Problems of Mineral Processing, 2017, 53 (2): 737~749.

[47] Taylor M L, Morris G E, Self P G, et al. Kinetics of adsorption of high molecular weight anionic polyacrylamide onto kaolinite: the flocculation process [J]. Journal of Colloid & Interface Science, 2002, 250 (1): 28~36.

[48] Dash M, Dwari R K, Biswal S K, et al. Studies on the effect of flocculant adsorption on the dewatering of iron ore tailings [J]. Chemical Engineering Journal, 2011, 173 (2): 318~325.

[49] Caskey J A, Primus R J. The effect of anionic polyacrylamide molecular conformation and configuration on flocculation effectiveness [J]. Environmental Prrogress, 1986, 5 (2): 98~103.

[50] Zhu Z, Li T, Lu J, et al. Characterization of kaolin flocs formed by polyacrylamide as flocculation aids [J]. International Journal of Mineral Processing, 2009, 91 (3): 94~99.

[51] 焦华喆, 王洪江, 吴爱祥, 等. 全尾砂絮凝沉降规律及其机理 [J]. 北京科技大学学报, 2010, 32 (6): 702~707.

[52] Concha F, Segovia J P, Vergara S, et al. Audit industrial thickeners with new on-line instrumentation [J]. Powder Technology, 2017, 314: 680~689.

[53] Haselhuhn H J, Kawatra S K. Design of a continuous pilot-scale deslime thickener [J]. Minerals

& Metallurgical Processing, 2017, 34 (1): 1~9.

[54] 吴爱祥, 杨莹, 王贻明, 等. 深锥浓密机底流浓度模型及动态压密机理分析 [J]. 工程科学学报, 2018, 40 (2): 152~158.

[55] Jiao H Z, Wang S F, Yang Y X, et al. Water recovery improvement by shearing of gravity-thickened tailings for cemented paste backfill [J]. Journal of Cleaner Production, 2019, 245: 118882.

[56] Garmsiri M R, Unesi M. Challenges and opportunities of hydrocyclone-thickener dewatering circuit: A pilot scale study [J]. Minerals Engineering, 2018, 122: 206~210.

[57] Rulyov N N, Korolyov B Y, Kovalchuk N M. Application of ultra-flocculation for improving fine coal concentrate dewatering [J]. Coal Preparation, 2006, 26 (1): 17~32.

[58] Concha F, Rulyov N N, Laskowski J S. Settling velocities of particulate systems 18: Solid flux density determination by ultra-flocculation [J]. International Journal of Mineral Processing, 2012, 104~105: 53~57.

[59] Dusting J, Balabani S. Mixing in a Taylor-Couette reactor in the non-wavy flow regime [J]. Chemical Engineering Science, 2009, 64 (13): 3103~3111.

[60] Gregory J. Solid-Liquid Sparation [M]. Ellis Horwood, Chichester, 1984.

[61] Betancourt F, Celi D, Cornejo P, et al. Comparison of ultra-flocculation reactors applied to fine quartz slurries [J]. Minerals Engineering, 2020, 148: 106074.

[62] Jarvis P, Jefferson B, Gregory J, et al. A review of floc strength and breakage [J]. Water Research, 2005, 39 (14): 3121~3137.

[63] Nasser M S, James A E. Effect of polyacrylamide polymers on floc size and rheological behaviour of kaolinite suspensions [J]. Colloids & Surfaces A Physicochemical & Engineering Aspects, 2007, 301 (1~3): 311~322.

[64] Heath A, Fawell P, Bahri P, et al. Estimating average particle size by focused beam reflectance measurement (FBRM) [J]. Particle & Particle Systems Characterization, 2015, 19 (2): 84~95.

[65] Senaputra A, Jones F, Fawell P D, et al. Focused beam reflectance measurement for monitoring the extent and efficiency of flocculation in mineral systems [J]. Aiche Journal, 2014, 60 (1): 251~265.

[66] Ebubakova P, Pivokonsky M, Pivokonska L. A method for evaluation of suspension quality easy applicable to practice: the effect of mixing on floc properties [J]. Journal of Hydrology & Hydromechanics, 2011, 59 (3): 184~195.

[67] Droppo I G, Exall K, Stafford K. Effects of chemical amendments on aquatic floc structure, settling and strength [J]. Water Research, 2008, 42 (1~2): 169~179.

[68] Gong J, Peng Y, Bouajila A, et al. Reducing quartz gangue entrainment in sulphide ore flotation by high molecular weight polyethylene oxide [J]. International Journal of Mineral Processing, 2010, 97 (1): 44~51.

[69] He W P, Xue L P, Gorczyca B, et al. Comparative analysis on flocculation performance in un-

baffled square stirred tanks with different height-to-width ratios: Experimental and CFD investigations [J]. Chemical Engineering Research & Design, 2018, 190: 228~242.

[70] 李公成. 全尾砂絮团尺寸变化及其浓密性能研究 [D]. 北京: 北京科技大学, 2019.

[71] Heath A R, Peter T L K. Combined population balance and CFD modeling of particle aggregation by polymeric flocculants [C]//Third International Conference on CFD in the Minerals and Process Industries. Melbourne: CSIRO, 2003: 339.

[72] Nguyen T, Heath A, Witt P. Population balance-CFD modelling of fluid flow, solids distribution and flocculation in thickener feedwells [C] //Fifth International Conference on CFD in the Process Industries. Melbourne: CSIRO, 2006.

[73] Chakraborti R K, And J F A, Benschoten J E V. Characterization of alum floc by image analysis [J]. Environmental Science & Technology, 2000, 34 (18): 3969~3976.

[74] Wang L, Marchisio D L, Vigil R D, et al. CFD simulation of aggregation and breakage processes in laminar Taylor-Couette flow [J]. Journal of Colloid & Interface Science, 2005, 282 (2): 380~396.

[75] 王国文. 基于分形理论的钛铁尾矿絮凝沉降试验研究 [D]. 昆明: 昆明理工大学, 2009.

[76] Du J, Pushkarova R A, Smart R S C. A cryo-SEM study of aggregate and floc structure changes during clay settling and raking processes [J]. International Journal of Mineral Processing, 2009, 93 (1): 66~72.

[77] Warden J H. The design of rakes for continuous thickeners especially for waterworks coagulant sludges [J]. Filtration Seperation, 1981, 18: 113~116.

[78] Patience M, Jonas A, John R. Temperature influence of nonionic polyethylene oxide and anionic polyacrylamide on flocculation and dewatering behavior of kaolinite dispersions [J]. Journal of Colloid and Interface Science, 2004, 271: 145~156.

[79] Zbik M S, Smart R S, Morris G E. Kaolinite flocculation structure [J]. Journal of Colloid & Interface Science, 2008, 328 (1): 73~80.

[80] 周旭. 全尾矿浓密过程絮团结构演化及脱水规律研究 [D]. 北京: 北京科技大学, 2020.

[81] Mpofu P, Addai-Mensah J, Ralston J. Flocculation and dewatering behaviour of smectite dispersions: effect of polymer structure type [J]. Minerals Engineering, 2004, 17 (3): 411~423.

[82] Zhou Y, Gan Y, Wanless E J, et al. Interaction forces between silica surfaces in aqueous solutions of cationic polymeric flocculants: Effect of polymer charge [J]. Langmuir the Acs Journal of Surfaces & Colloids, 2008, 24 (19): 10920~10928.

[83] Cruz N, Peng Y, Farrokhpay S, et al. Interactions of clay minerals in copper-gold flotation: Part 1-Rheological properties of clay mineral suspensions in the presence of flotation reagents [J]. Minerals Engineering, 2013, 50~51: 30~37.

[84] Zhou Y, Yu H, Wanless E J, et al. Influence of polymer charge on the shear yield stress of silica aggregated with adsorbed cationic polymers [J]. J Colloid Interface Sci, 2008, 336 (2):

533~543.

[85] Xiao F, Lam K M, Li X Y, et al. PIV characterisation of flocculation dynamics and floc structure in water treatment [J]. Colloids & Surfaces A Physicochemical & Engineering Aspects, 2011, 379 (1): 27~35.

[86] Younker J M, Walsh M E. Effect of adsorbent addition on floc formation and clarification [J]. Water Research, 2016, 98: 1~8.

[87] Rong H, Gao B, Dong M, et al. Characterization of size, strength and structure of aluminum-polymer dual-coagulant flocs under different pH and hydraulic conditions [J]. Journal of Hazardous Materials, 2013, s252~253 (4): 330~337.

[88] Dong H, Gao B, Yue Q, et al. Effect of pH on floc properties and membrane fouling in coagulation-Ultrafiltration process with ferric chloride and polyferric chloride [J]. Chemosphere, 2015, 130: 90~97.

[89] Vajihinejad V, Gumfekar S P, Bazoubandi B, et al. Water soluble polymer flocculants: synthesis, characterization, and performance assessment [J]. Macromolecular Materials and Engineering, 2019, 304: 1~43.

[90] Sworska A, Laskowski J S, Cymerman G. Flocculation of the Syncrude fine tailings: Part I. Effect of pH, polymer dosage and Mg²⁺ and Ca²⁺ cations [J]. International Journal of Mineral Processing, 2000, 60 (2): 143~152.

[91] Rulyov N N. Ultra-flocculation: Theory, experiment, applications [C]// Proceedings of the 5-th UBC-McGill Biennial International Symposium on Fundamentals of Mineral. Hamilton Ontario, 2004: 197

[92] 吴爱祥, 阮竹恩, 王建栋, 等. 基于超级絮凝的超细尾砂絮凝行为优化 [J]. 工程科学学报, 2019, 41 (8): 981~986.

[93] Botha L, Soares J B P. The Influence of Tailings Composition on Flocculation [J]. The Canadian Journal of Chemical Engineering, 2015, 93 (9): 1514~1523.

[94] Maes A, Vreysen S, Rulyov N N. Effect of various parameters on the ultraflocculation of fine sorbent particles, used in the wastewater purification from organic contaminants. Water Res, 2003, 37 (9): 2090~2096.

[95] Mietta F, Chassagne C, Manning A J, et al. Influence of shear rate, organic matter content, pH and salinity on mud flocculation [J]. Ocean Dynamics, 2009, 59 (5): 751~763.

[96] 阮竹恩, 吴爱祥, 王建栋, 等. 基于絮团弦长测定的全尾砂絮凝沉降行为 [J]. 工程科学学报, 2020, 42 (8): 980~987.

[97] 李莉, 张赛, 何强, 等. 响应面法在试验设计与优化中的应用 [J]. 实验室研究与探索, 2015, 34 (8): 41~45.

[98] Trinh T K, Kang L S. Response surface methodological approach to optimize the coagulation-flocculation process in drinking water treatment [J]. Chemical Engineering Research & Design, 2011, 89 (7): 1126~1135.

[99] Wu A, Ruan Z, Bürger R, et al. Optimization of flocculation and settling parameters of tailings

slurry by response surface methodology [J]. Minerals Engineering, 2020, 156 (9): 106488.

[100] Rudman M, Paterson D A, Simic K. Efficiency of raking in gravity thickeners [J]. International Journal of Mineral Processing, 2010, 95 (1~4): 30~39.

[101] 张钦礼, 王石, 王新民, 等. 不同质量浓度下阴离子型聚丙烯酰胺对似膏体流变参数的影响 [J]. 中国有色金属学报, 2016, 26 (8): 1794~1801.

[102] 杨柳华, 王洪江, 吴爱祥, 等. 絮凝沉降对全尾砂料浆流变特性的影响 [J]. 中南大学学报 (自然科学版), 2016, 47 (10): 3523~3529.

[103] Ruan Z, Wu A, Bürger R, et al. Effect of interparticle interactions on the yield stress of thickened flocculated copper mineral tailings slurry [J]. Powder Technology, 2021: 392.

[104] 阮竹恩, 吴爱祥, 王贻明, 等. 絮凝沉降对浓缩超细尾砂料浆屈服应力的影响 [J]. 工程科学学报, 2021, 43 (10): 1276~1282.

[105] Motta F L, Gaikwad R, Botha L, et al. Quantifying the effect of polyacrylamide dosage, Na^+ and Ca^{2+} concentrations, and clay particle size on the flocculation of mature fine tailings with robust statistical methods [J]. Chemosphere, 2018, 208 (10): 263~272.

[106] Gurumoorthy A, Juvekar V A. Bridging flocculation: A modeling study of the role of polymer adsorption dynamics [J]. International Journal of Chemical Sciences, 2014, 12 (2014): 315~326.

[107] Daintree L, Biggs S. Particle-particle interactions: the link between aggregate properties and rheology [J]. Particulate Science & Technology, 2010, 28 (5): 404~425.

[108] Avadiar L, Leong Y K, Fourie A. Effects of polyethylenimine dosages and molecular weights on flocculation, rheology and consolidation behaviors of kaolin slurries [J]. Powder Technology, 2014, 254: 364~372.

[109] Ji Y, Lu Q, Liu Q, et al. Effect of solution salinity on settling of mineral tailings by polymer flocculants [J]. Colloids and Surfaces A: Physicochemical and Engineering Aspects, 2013, 430: 29~38.

[110] Jeldres R I, Concha F, Toledo P G. Population balance modelling of particle flocculation with attention to aggregate restructuring and permeability [J]. Advances in Colloid & Interface Science, 2015, 224: 62~71.

[111] Jeldres R I, Fawell P D, Florio B J. Population balance modelling to describe the particle aggregation process: A review [J]. Powder Technology, 2018, 326: 190~207.

[112] 李振亮. 絮凝过程的群体平衡模型研究进展 [J]. 重庆第二师范学院学报, 2013, 26 (3): 8~12.

[113] Ruan Z, Wu A, Bürger R, et al. A population balance model for shear-induced polymer-bridging flocculation of total tailings [J]. Minerals, 2022, 12 (1): 40.

[114] Smoluchowski M V. Drei vortrage uber diffusion, brownsche bewegung und koagulation von kolloidteilchen [J]. Zeitschrift Fur Physik, 1916, 17: 557~585.

[115] Ding A, Hounslow M J, Biggs C A. Population balance modelling of activated sludge flocculation: Investigating the size dependence of aggregation, breakage and collision efficiency [J].

Chemical Engineering Science, 2006, 61（1）：63~74.

［116］Biggs C A, Lant P A. Modelling Activated Sludge Flocculation using Population Balances ［J］. Powder Technology, 2002, 124（3）：201~211.

［117］Cheng J C, Yang C, Mao Z S. CFD-PBE simulation of premixed continuous precipitation incorporating nucleation, growth and aggregation in a stirred tank with multi-class method ［J］. Chemical Engineering Science, 2012, 68（1）：469~480.

［118］Hounslow M J, Ryall R L, Marshall V R. A discretized population balance for nucleation, growth, and aggregation ［J］. Aiche Journal, 1988, 34（11）：1821~1832.

［119］Spicer P T, Pratsinis S E. Coagulation and fragmentation：Universal steady-state particle-size distribution ［J］. Aiche Journal, 1996, 42（6）：1612~1620.

［120］Kusters K A, Wijers J G, Thoenes D. Aggregation kinetics of small particles in agitated vessels ［J］. Chemical Engineering Science, 1997, 52（1）：107~121.

［121］Franks G V, Yates P D, Lambert N W A, et al. Aggregate size and density after shearing, implications for dewatering fine tailings with hydrocyclones ［J］. International Journal of Mineral Processing, 2005, 77（1）：46~52.

［122］Veerapaneni S, Wiesner M R. Hydrodynamics of Fractal Aggregates with Radially Varying Permeability ［J］. Journal of Colloid and Interface Science, 1996, 177（1）：45~57.

［123］Neale G, Epstein N, Nader W. Creeping flow relative to permeable spheres ［J］. Chemical Engineering Science, 1973, 28（10）：1865~1874.

［124］Camp T R, Stein P C. Velocity gradients and internal work in fluid motion ［J］. Journal of the Boston Society of Civil Engineers, 1943, 85：219~237.

［125］Soos M, Sefcik J, Morbidelli M. Investigation of aggregation, breakage and restructuring kinetics of colloidal dispersions in turbulent flows by population balance modeling and static light scattering ［J］. Chemical Engineering Science, 2006, 61（8）：2349~2363.

［126］Selomulya C, Bushell G, Amal R, et al. Understanding the role of restructuring in flocculation：the application of a population balance model ［J］. Chemical Engineering Science, 2003, 58（2）：327~338.

［127］Antunes E, Garcia F A P, Ferreira P, et al. Modelling PCC flocculation by bridging mechanism using population balances：Effect of polymer characteristics on flocculation ［J］. Chemical Engineering Science, 2010, 65（12）：3798~3807.

［128］Au P I, Liu J, Zhang W, et al. High shear breakage of compact polyelectrolyte-bridged flocs：A method for obtaining model-independent breakage rate function data ［J］. Colloids And Surfaces A-Physicochemical and Engineering Aspects, 2018, 552：48~58.

［129］Pandya J D, Spielman L A. Floc breakage in agitated suspensions：Theory and data processing strategy ［J］. Journal of Colloid & Interface Science, 1982, 90（2）：517~531.

［130］Pandya J D, Spielman L A. Floc breakage in agitated suspensions：Effect of agitation rate ［J］. Chemical Engineering Science, 1983, 38（12）：1983~1992.

［131］Zhang J J, Li X Y. Modeling particle-size distribution dynamics in a flocculation system ［J］.

Aiche Journal, 2003, 49 (7): 1870~1882.

[132] Clerc M. From theory to practice in particle swarm optimization [M]// Handbook of Swarm Intelligence. Springer Berlin Heidelberg, 2011: 3~36.

[133] Ratnaweera A, Halgamuge S K, Watson H C. Self-organizing hierarchical particle swarm optimizer with time-varying acceleration coefficients [J]. IEEE Transactions on Evolutionary Computation, 2004, 8 (3): 240~255.

[134] Roohi E, Pendar M R, Rahimi A. Simulation of three-dimensional cavitation behind a disk using various turbulence and mass transfer models [J]. Applied Mathematical Modelling, 2016, 40 (1): 542~564.

[135] Forbes E. Shear, selective and temperature responsive flocculation: A comparison of fine particle flotation techniques [J]. International Journal of Mineral Processing, 2011, 99 (1~4): 1~10.

[136] Chen W, Feng Q M, Zhang G F, et al. Effect of energy input on flocculation process and flotation performance of fine scheelite using sodium oleate [J]. Minerals Engineering, 2017, 112: 27~35.

[137] Tanguay M, Fawell P D, Adkins S. Modelling the impact of two different flocculants on the performance of a thickener feedwell [J]. Applied Mathematical Modelling, 2014, 38: 4262~4276.